好设计，让你的家多

尤哒唯 著

江苏凤凰文艺出版社
JIANGSU PHOENIX LITERATURE AND
ART PUBLISHING, LTD

前言

通过好设计，赚了空间就是省下了钱

多年前的某一天，一位好久没见的业主忽然说要来事务所看看我们。他的家距离装修完工，已经两年以上了，那一天，他除了祝贺我们这几年的成长、持续获得一些设计奖项外，也像老朋友一样嘘寒问暖。

要离开的时候，他问我："小尤，你知道在设计上，如果客户问你们有什么竞争优势，能提供给客户什么样的保证，你会怎么回答？"面对他似乎有备而来的一问，我当时说了一些公司给委托合作业主将来能提供的设计专业咨询、规划、图文等的保障，但这样的回答，似乎不能让他满意。

他告诉我，经过这些年的居住，他观察到一件事，其实在我们设计的房子里，已经在实际使用时多了好多空间，尤其在寸土寸金、房价不断上涨的年代，感觉已经帮他们多买了好几平方米的房子，省了不少房款。

我当时对他说的话感到既开心又惊讶！一直以来，从念建筑学、工作、开业到现在，也有二三十年的时间了，我们只知道如何尽力满足客户不同的需求，同时在设计上，不断想要突破、变化、超越。当然，除了解决需求问题外，我们更重视居住者自己的喜好、习惯、收藏等特性。因为我们知道有主角的故事，一定最美最动听。

但这位业主，却一针见血地为我们的设计工作做出了最棒、最美的注解，也是每个业主最想要委托我们设计的重点。因此《好设计，让你的家多 10 m²》一书，就此诞生。

而这本书，从设计思路开始，整理出让家好住的 10 种超实用设计方案。

此外，我们还将执业多年来，"一个房子 3 种平面图"的设计做一次大公开！

不同的平面思考，都会对应不同的使用方式和需求，我们希望带着读者一起，学会如何看平面图，选对真正要的家居生活。

最后，我也希望分享这些年来，运用这些思路所设计执行出的真实案例。在这些案例里，有不少得过知名住宅奖项，在此与大家分享。

尤哒唯

目录

第一章

10个不可不知，
家的终极整合术！

一物共享，让设计一件就搞定

电视全室移动，让每个空间都能拥有它

在不同的区域，却可以做同一件事情，意味着相同的需求，只需通过物品共享设计，提供给另一区使用，省去同一装置的数笔花费，也省去安置所需的空间。

一物共享设计的起始，来自于思考如何能让不同空间共享同一资源，进而避免不必要的空间浪费。这样的设计会出现在长形街屋的线性空间，或者是小面积住宅的整合改造中。

其中，又以移动电视墙的运用最能满足多方需求。长形的移动电视墙屏，随着主人走动让客厅成为既是厨房、也是餐厅的多功能场所。此外，电视墙顺着滑轨在同一个轴线上，供客厅、卧室共享，同时也可以透过通透的玻璃窗，让视觉延伸进入浴室，可在浴室里边看电视、边泡澡。

除了"带着走"的移动性，可 360° 旋转的电视墙，恰好满足的是格局方正的小住宅。将电视设置于中轴，以满足不同使用空间的视听需求，由可活动、可移动的电视串联不同的空间，正是一物共享的代表。

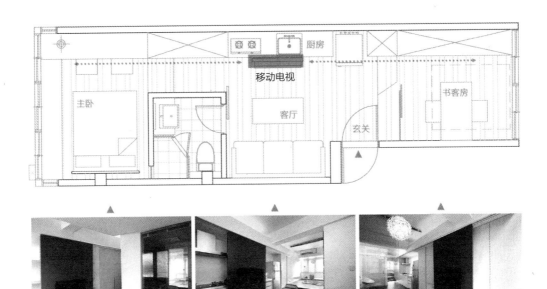

1 **全屋移动的电视墙**

长形屋两端的客房区与主卧做架高平台，深色电视墙全室移动时，除了创造墙体感，行经客厨空间时还可以遮挡厨具，让客厅更为完整。

2

一个电视，给你 360° 影像享受

利用高低阶差，客厅与餐厅并置，原本一厅的格局，运用可旋转的电视柱架构，使电视供两区使用。

2

不同功能空间的区隔，容易造成视觉中断，利用架高地板延伸到不同空间，不仅能淡化区隔性、达到串联景深的效果，更能直接替代单件家具，避免充满零碎物品。

架高设计，强化空间利用

大平台＝床＋桌＋收纳柜＋电视柜＋沙发椅

架高平台设计体现了化零为整的策略，常见于和室、书房，或近年来人气相当高的休闲阅读空间。

架高地板不再只是单纯的平面与下方的收纳空间，它可以一路延伸，变形成踏阶、沙发、边柜、电视柜、茶几、书桌、卧榻等各种功能平台，用相同材质的统一性连接起不同空间。

一般来说，架高地板的高度以沙发的高度为准，约在 40 ~ 45 cm 左右，让地板有如平台，有机会支援公共空间的椅座扩充，同时作为卧铺的床具使用；若再结合伸缩支架，地板床面又能摇身一变为桌面。地板下空间对于一般家庭来说，也是一座令人不容小觑的库房，厚度约 30 cm 的大件行李箱，平放于地板下也是绰绰有余，休憩、寝睡、收纳等生活功能一应俱全。

客厅＝踏阶＋沙发＋靠背＋沙发边柜

围绕着中庭的客厅和休憩区，以稍低一阶的架高地板形成踏阶、沙发座区，而相同高度的部分，刚好又成为沙发靠背和可放茶杯、报纸杂志的边柜。

2 和室＝踏阶＋电视柜＋茶几

位于客厅后方的开放式和室，架高地板中藏有升降茶几，而地板延伸到客厅成为电视柜，让客厅含纳了和室，制造出空间景深。

3 客房＝卧榻＋座椅＋书桌

客房通常要满足坐、卧、梳妆等使用需求，一样用架高的手法，设计适当的高度，就可以取代需要放置床架、两三张座椅、桌子的单件家具配置。

4 儿童房＝床头柜＋收纳柜＋窗前坐榻＋书桌

利用架高概念在床头做出平台，成为床头柜兼收纳柜，足够大的平台也可当作窗前阅读坐榻，再叠上一层成为书桌，让空间富有逐渐升高的层次感。

3

桌子不仅有用餐、阅读等实际使用功能，有时还能够使空间中碍眼的柱子化为无形，甚至营造一种稳定的视觉感。

一物多用，一张桌子救空间

桌子万能结合术＝隔间＋餐桌＋工作桌＋沙发靠背

当空间条件有限，无法牺牲客厅所需的面积，往往出现的情况是无法再规划独立餐厅、书房，或是在房间内做了衣柜却无法再放下梳妆台，甚至是碍眼的柱子卡在空间中，这时候，其实只要一张桌子就能解救这些状况！

从水平延伸的角度来看，桌子属于长形物体，适合连接不同空间。例如客厅和厨房之间，已经没有空间再规划餐厅，可以考虑利用现有的水平台面，也就是延伸厨房或开放式书房的台面，不仅多出的台面可以作为餐桌，延伸的手法还能将两区串联起来，不会让空间显得零碎。

桌子的另一个妙用是解救最恼人的卡在空间中的柱子！对于无法避开的结构柱，不必大费周章以柜包柱，其实只要用一张桌子就可以使柱体与空间共容。将柱子结合长桌、吧台等，不仅能成为稳定空间的中心，而且也是空间整合的绝佳组合。

1

救柱体！书桌化解屋中柱

一根柱子矗立在主要空间中，造成内凹的畸零角落，于是在设计上便直接以桌面贯穿柱体，使柱子在空间里也有了理所当然的存在感，不仅成为稳定书桌的视觉支柱，还能创造完整的阅读区。

2 **救餐厅！延长书桌为餐桌**

厨房位于内凹处，长与宽不允许再规划餐厅区，因此采取开放式书桌延伸成餐桌的方式，并与上方平行吊灯层板相呼应，整合视觉上的一体感。

3 **救玄关！书桌延伸为玄关桌、沙发靠背**

无玄关的住家，利用书房空间规划两片格栅作为玄关转折屏风，而书桌延伸出格栅成为玄关平台，同时，长桌也可作为客厅沙发靠背，兼具隔间功能。

013

4 島形动线，环状路径、走道两用

创造出家的主要动线、服务动线及多重使用模式

因双动线、多动线发展而成的岛形动线，构成一个环状走动路径，不仅有利于经营大宅气派的主客动线，对于小宅的开阔性帮助更大。

传统住宅格局里，习惯做单一出入口、单一动线的安排，空间使用上少了许多弹性、趣味性。但如果是双出口、双动线呢？

试想，位于玄关旁的厨房，面向餐厅、玄关各开两道门，外出采买回来时，可直接由玄关走进厨房，而不用拎着大包小包绕经客餐厅再进入厨房；相对地，当客人来访时，又能直接转进客厅。主、客分明的双动线设计，客人在客厅就不会遇见刚买完菜回来的主人，主要性动线和服务性动线就可以错开。此外，动线还可和功能空间结合，走道本身可以是厨房或餐厅，创造两用效果。对于小住宅来说，客人来访时，会有"一房想变两房"的需求，这样便可以通过拉门与双动线，达到弹性的运用。

像这样的环状动线或双动线，主要是运用柜体或桌子做区隔，创造出两个空间的串联感、延续感，同时也会整合空间，使空间更一体化。两个动线产生了，也会重新定义家的空间层次，不同的使用模式，更多的细节也会因此出现。

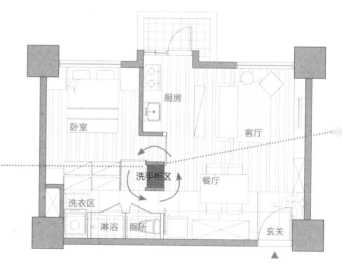

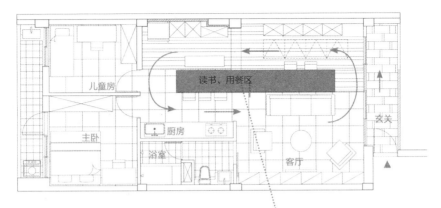

儿童房
主卧
厨房
浴室
读书、用餐区
客厅
玄关

①

以长桌为中岛，书区、餐区共享

将一进门就会看到墙的小房间拆除，以一张大长桌贯穿整个房子，巧妙地分隔公共空间。长桌一分为二，分别成为读书区以及用餐区两端的开口，可自由出入，化解原格局的局促感。

②

以洗手台为中岛，一房可切换二房

原两厅一房一卫格局，以洗手台区为中心，犹如一座岛，加上 3 道拉门设计，划出一个回字形行走动线，供客厅、卧室、浴室使用。遇到亲友留宿时，关闭卧房的两个开口后，原一房一厅立即做出"一房切换二房"的应对，客厅变客房，主、客使用浴室都自在。

5

化零为整，柜墙整合术

鞋柜、衣帽柜、杂物柜、电视柜，以『一』串联

不同分区会让空间感觉零散，以同一种手法、材质，连接两个空间，且将这不同的两区、两件事，视为同一区、同一件事来处理，如此就达到了化零为整的效果！

空间讲求的是整体性，只要有整体感，就不会凌乱。不论是天花板、地板、墙壁，都是可以拿来将空间化零为整的元素，例如天花板用轨道灯串成一个大空间，有框出整个区块的感觉；地板和天花板用同一种材质，产生呼应；而壁面是最好用的，不论是水平或垂直，都可以用柜体延伸的手法，达到同一种主题的延续。

化零为整可以用在不同空间，使用的手法也都不同：

公共客厅区

运用"一"的概念设计。一面主题墙的功能很大，能够串联起水平和垂直的不同区。

水平式　利用主墙串起动线连接各个空间，每个空间一定会有各自独立的收纳与使用需求，用整面收纳柜，内部规划各区所需的层板高度，便可以一口气将玄关、客厅、餐厅化零为整。

垂直式　遇到挑高空间，可以用一道垂直大墙，同一种材质延伸，将所有柜子都收在同一面，上下区各收纳不同物品，例如下方是电视柜，上方是书柜等。

走道区

用一道走廊柜体整合各空间，例如将展示柜、收纳柜、书柜、房间门板全都整合成一体的立面。

主卧空间

功能最强的卧室拥有常用衣柜、更衣室、梳妆台，这时候可以延伸床头柜到更衣室矮柜，再转变成梳妆台，卧室就会有非常舒适简洁的整体感。

1 电视墙＝玄关柜＋鱼缸＋藏柱区＋杂物柜＋电器柜

用一整面木质柜体和天花板连接玄关到客厅，从玄关端开始，内部依次是鞋柜、鱼缸、梁下结构柱、客厅杂物柜、电视墙、电器柜。

2

走道长柜＝书柜＋隔间＋展示柜＋门板

走道的柜体引导动线，将内凹处的餐厅一并串联起来，除了是餐柜，也是书柜、展示柜，其中白色处还隐藏了浴室的门板。

3

主卧柜区＝更衣室＋书柜＋梳妆台兼书桌＋隔间柜

窗下的矮柜是由床头柜延伸而来，用同一材质圈围出更衣室，再将一张梳妆台嵌入柜体，形成功能完备的卧室更衣间。

6

善用畸零，不可忽视的 1.5 m²

什么角落都能用，难题变成加分题

畸零空间有点像是空间的"缺陷"，难以使用，往往令人头痛。不过，设计可以把难题变成加分题，多了 1.5 ~ 3 m² 的好用橱柜、储藏室，居家收纳如虎添翼！

室内的畸零空间可以分成四种状况：

1. 公共区域的电梯或楼梯所在位置——造成室内产生小块凹凸区域。
2. 特殊房型——如三角形房型，死角区难以利用。
3. 结构性的畸零空间——楼梯下方，或是结构性不可避免的柱子。
4. 设计需求产生的剩余空间——为了满足主要空间的采光、通风等需求，所造成的小块空间。

以上这些都是难以避免的空间状况，但通常畸零空间的深度从 30 cm 至 60 cm 不等，可以视深度和邻近空间设计成柜体式或空间式。所谓柜体式，指的就是人无法走进去的区域，例如深度达到 30 cm，就可以拿来做物品收纳柜，若有 60 cm 便可设计成衣柜。如果是 60 cm 以上，就很适合规划为能进入的空间式隔间，例如更衣室、储藏室、浴室。

通常畸零空间大小为 1.5 ~ 3 m²，转化为收纳区或是附属空间，这一点点地方反而能成为非常好用的区域。

1

室内楼梯下三角区：电视墙、衣橱整合

楼梯下的空间设计为门板式的电视墙，如果梯下空间深度为 60 cm，恰好规划为衣橱。

2 公共电梯、楼梯凹凸处，
柜后做储物区

电梯位于大门旁，也就是电器
柜的后方，电梯所占的空间够
深，因此顺势将厨房后方规划
为可进入的储藏室。此外，公
共楼梯间造成房间的内凹，也
可规划为储藏室与猫屋，只需
门板底部另开猫洞即可。

3 特殊三角屋，淋浴区最适用

三角的特殊房型，导致不可避免的死角，设
计为淋浴间，角落又可增加置物架，放置盥
洗用品。

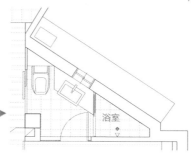

浴室

7

通过模块式设计，可以使收纳达到最佳效果，然而，模块收纳却不一定要用系统柜才能达成，使用铁件和木材一样也能做到。不过，即使是普通的系统板材，也能通过设计玩出意想不到的效果！

模块收纳，垂直墙面有心机

依照物品尺寸和个人喜好，随时灵活调整

模块收纳设计是用相同规格的手法，依照个人物品调整收纳方式和层板、抽屉等。这样的设计最适合用在一般墙面，将垂直立体的空间尽其所能地利用起来。

最常见的模块收纳便是系统柜，但系统柜常给人呆板的印象。其实系统板材运用的可能性很多，通过重组和色系调和，系统柜也能活用。另外，不少家具厂商也有推出模块式收纳，规格化的尺寸如层架、箱盒等套组，只要好好规划，现成家具几乎像订制家具一样合乎空间。

当然，用木材、铁件也能做出更具设计感的订制化模块，以层板、抽屉、卡榫、铁件插入、吊挂等不同方式，就可以让每个人依照所需的物品，使用适当的收纳方式活动式设计，更可以随心情轻松变换居家布置。

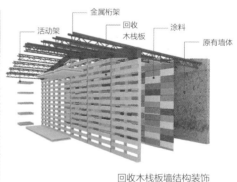

金属桁架
回收木栈板
涂料
活动架
原有墙体

回收木栈板墙结构装饰

1 二手栈板 + 卡榫层板 = 彩色木栈板展示墙

用木栈板设计的客厅电视墙兼收纳墙，都是由 85 cm × 110 cm 的回收木栈板构成，使用卡榫方式固定层板，也能使用挂钩挂盆栽或衣物，自由调整位置。

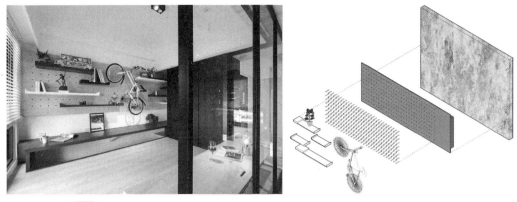

2 活动层板 + 插入式铁件 = 模块收纳墙

在活动层板上钻上相同模块的孔洞，能够用铁件以插入方式固定层板，甚至负重脚踏车也没问题。

3 双色系统板，重组出格状收纳柜

利用系统板材做出格柜，格柜有两种大小和深度，模组化的尺寸，横放、直立、大小格的不同组合，都能互相配合。设计上做了小细节，使用深浅不同的色调搭配，活化了系统板。

4 模块家具，放对地方就是"天作之合"

通过空间的尺寸预留，即便是现成的模块家具，也能完全融入家的各个角落。如中空层架就成为厨房与客厅的双面柜，从玄关到客厅，则延伸为鞋柜、衣帽柜、电视柜。

8

移动式设计，巧用拉门的秘诀

墙面式拉门，拥有弹性隔间及内玄关效果

所谓门板移动性设计，思考的是如何才可以多功能地使用空间。这里赋予门板活动式隔间的角色，将空间一分为二，又能合二为一。

当赋予隔间功能时，拉门不再只是单纯的进入某空间的开口，而是犹如一道巨大墙屏在室内存在。门板通过在轨道上的移动成为划分两区的屏障，成为启动空间使用的开关。

空间如果能以弹性区隔取代固定隔间，空间的活用度便能大大增加，当打开隔间，空间可以成为一个整体使用，必要时，拉门又可以成为墙面，使两个空间各自独立运作。最好用的地方是书客房空间，平时是宽敞的书房，加上一道拉门后，当有客人来时，可以隔出客房，也不会牺牲平时用作书房的使用功能。

除了成为弹性隔间，如同墙面的拉门更能将公共空间与私人区域明显划分开，形成有如内玄关的效果。举例来说，从客厅通往房间的走道，便能使用宛如客厅主墙的拉门区隔，有客人来时，客厅便形成一个独立的待客空间。

1

玄关＋厨房共享拉门，斜向铁格栅可隐可现

玄关和厨房相邻，除了采用一门两用的设计之外，还以斜向铁格栅门板顾全入口隐私，让厨房里的人可以透视客厅。格栅左下方贴心的镂空设计，则让端菜的人，可以用脚滑开门板。

2

内玄关效果，公私领域自然区分

有如墙面的大片板材其实是滑轨拉门，毫无痕迹地遮挡了通往卧室的走道。当有客人来，关起拉门，客厅就是独立的待客空间，也不会打扰到房间内的其他家人。

3

二进式拉门，隐藏多重功能空间

沙发背墙的门板，滑开是书房空间。进入书房后，还有一道拉门，可以再将平时作为主卧附属的书房区隔出一间客房。两道拉门可以自由区隔出不同的使用空间。

无中生有，变出家的玄关

向客餐厅借位，不同地板材质、柜体的神奇定位法

玄关是室内与室外的缓冲之地，不少住宅通常没有替玄关预留位置，在这样的状况下，利用地板异材定位，或是利用柜体创造小走道等，向客餐厅偷点空间来用，是不错的方法。

玄关是回家进入屋内及换鞋的转换空间，具有缓冲内外关系的功能，也能保有室内隐私，只是，若是主空间本身已经没有太大余地，就得想办法无中生有。

若是大门直接开在客厅餐厅中间，可以利用地面材质"做文章"，让玄关地面跳色或是使用不同的材质，以使其与主空间有所区隔。衣鞋的收纳也可和餐柜、电视柜整合，分区、分类使用。

若是大门入口在最侧边，或是有一个浅转折，利用隔屏或是双面柜与主空间局部分隔，就可以直接在家中创造出一个走道式玄关。

看似不到 1.5 m^2 的玄关，对于家人而言除了功能上的满足，还有着回家、出门的情绪转换效果，是不可小觑的空间！

迷你小玄关 = 三角黑色木地板 + 钢管小平台

大门开口正好位于客餐厅中间，于是利用餐桌旁的墙体规划储物柜，部分兼作玄关收纳，黑色钢管与三角小平台对应玄关地面造型，是简便不占空间的穿鞋椅。

2 角落玄关＝三角平台穿鞋椅＋ 45° 角鞋柜

大门位于角落空间，紧邻厨房，利用三角柜体让鞋柜、电视柜与橱柜三面共享，同时也包围出一个完整的玄关角落，并具备了穿鞋椅的功能。

3 向餐厅借玄关＝一体柜墙＋中轴屏风

大门一打开就是餐厅，于是使用了双墙概念，一侧是通过与电视墙共用一面墙体，让鞋柜也并入收纳及展示墙体中；另一侧则通过玻璃屏风，划分出独立玄关，让餐厅不受干扰。

10

保留家的呼吸绿地，如阳台、露台、天井，除了带来四季光影的温暖感知和视觉延续，最重要的是，空间开放了，心境也就开阔了。

绿光概念，植物与光是加分项

阳台不外推，露台不加盖，室内空间比想象中还要大

阳台是大部分家庭都会有的区域，阳台宽度基本在 90 ~ 200 cm，以往的观念倾向外推，变成室内空间，但其实光影和绿意是展现空间感的重要元素，一旦让光线和绿意由阳台自然进入室内，家，比我们想象中更开阔。

只要将阳台和露台打造成可坐可卧、和室内有连接感的空间，就可以将容易闲置的区域变成经常使用的休憩区。例如以植栽取代制式的栏杆铁件，运用花台的深度，阻隔出一个视觉上的安全距离，花台就是坐台，是观星赏月的最佳椅座，而且将阻绝室内外连接的不利因素减至最低，人在室内活动，仿佛拥有一整片天空的视野。

天井也是一块非常值得保留利用的地方，本意是一处淋得到雨、吹得到风，冷暖可知的小空间，位置往往落在房子中段，等于是心肺地带，帮助采光、空气流动。利用室内的架高地板、坐柜平台等向屋外跨越延伸，人们的脚步自然跟着走出去，天井中庭化的附加效益高，远远不是天井室内化所能相提并论的。

地板延伸，植土沟槽式设计

将地板材质往阳台延伸，如同将室内空间加大，增设休憩天地。可修改护栏作为坐台，或以降阶地板栽种绿植取代护栏，望出去是恰好的绿意，沟槽式设计也有利于排水。

2 **半高透明玻璃护栏，圈出通透阳台**

以半身高的透明玻璃取代扶手栏杆，一方面保留了大面景观不受线条切割，也形成半户外、半室内的阳台空间。

3

房间围绕天井，家中的发光盒子

还原天井最初的样子，进一步改造、增添绿化，打开室内与天井比邻的空间，导入绿光，在屋子里形成流动的韵律，一个空间仿佛拥有两个空间的开阔感。

第二章

看平面图选好生活，一个家3种设计！

设计师的家，
想要下班后的工作角落

玄关柜、工作桌、餐桌，配置大不同

改造前

色块为设计师调整的空间

作为屋主新婚后的居所，身为餐瓷名品设计师的男主人从一开始，就提出家里要有一个专属书房，即使回到家也能专注安静地工作，同时，这对夫妇也有生育计划，未来新成员的加入，得一并考虑。

设计师针对屋主的空间需求，将原有的 3 房拆掉一间客房，消除了通往餐厨区的闲置过道，争取空间利用率的同时也放大客厅，此外，由于书房工作区，足以左右整个厅区布局，设计师提出了3 种方案，屋主考虑到在家工作需要的宁静度，最后选择了"工作区退隐于沙发之后"的开放又独立的设计。

另外，针对主卧室入口直接面对浴室门，设计师直接将入口移到电视墙侧，原主卧入口外推封墙，顺势成为完整的更衣室。

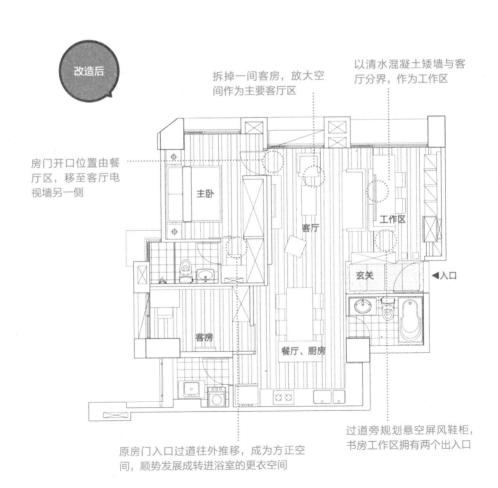

改造后

拆掉一间客房，放大空间作为主要客厅区

以清水混凝土矮墙与客厅分界，作为工作区

房门开口位置由餐厅区，移至客厅电视墙另一侧

主卧

客厅

工作区

玄关

◄入口

客房

餐厅、厨房

原房门入口过道往外推移，成为方正空间，顺势发展成转进浴室的更衣空间

过道旁规划悬空屏风鞋柜，书房工作区拥有两个出入口

改造前

1 一进门即为客厅，没有玄关。
2 从入口处转进厨房，过道狭窄。

客厅

餐厨区

房屋状况	大楼、新房
家庭成员	夫妻
面　　积	93 m²
格　　局	玄关、客厅、餐厅、厨房、主卧、客房、主卫、客卫、更衣室、书房兼工作区
建　　材	清水混凝土、H形钢、石材、实木
得奖纪录	2012年第四届好宅配大金设计大奖 设计菁英组佳作

改造后

玄关

工作区

长桌配置，决定单一动线，还是双动线？

确认未来业主的重点空间，并决定舍弃一间房腾出更大的公共空间，书房与客厅间的配置关系除了最终方案，其实还有 A、B 两种方案可参考，这两种方案连带影响到同一轴线的餐厨空间。

双动线，长桌是工作饮食区也是隔间

方案 A 是在舍弃一间小房后，将男主人所需的工作区规划成书桌连接餐桌的形式，与厨房设置在同一轴线上，自然形成家的双动线，让移动更流畅，客厅区动线中心设置活动式电视架，让影视娱乐跟着居家活动移动。

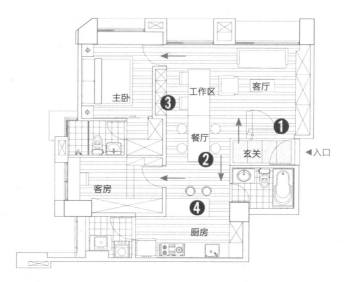

❶ **移动电视** 维持原客厅位置，利用梁下空间设计收纳柜墙，搭配移动式电视墙，让书房、餐厅共享。

❷ **二合一长桌** 工作桌与餐桌接续，在非用餐的时段，书房工作区等同于拥有双倍可使用台面，扩大书房空间。

❸ **展示柜** 将主卧室内缩一个柜深，为书房工作区争取一道展示柜墙。

❹ **独立厨房** 开放式厨房连接餐吧台。

伸展台式长桌，高台设计强化内空间

方案 B 则是将工作桌、餐桌结合高台概念，创造一个架高的私密内空间，电视墙也并入长桌结构，提供客厅视听功能。动线部分，从玄关入口至厨房，须绕着长桌迂回行转，发展成一条发夹式弯动线，居室不大，却拥有大面积住宅才有的段落风景。

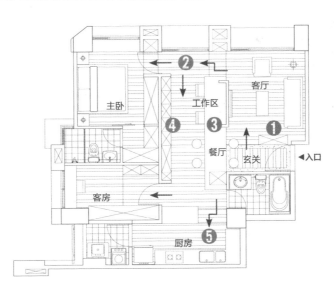

❶ **单动线客厅** 长桌设计自然在玄关形成边界，也区分出独立完整的客厅，仅有一条动线，串起整个居家空间。

❷ **工作区** 餐厅与工作区的 30 cm 架高木地板，形成一个全然独立的空间。

❸ **高台式长桌** 工作桌、餐桌串联成一道长台面，有如一座伸展台。长桌结合电视墙功能，客厅沙发的坐向也面朝书房、餐厅，有利于家人间的互动。

❹ **工作区背墙** 两区的收纳展示柜也连接成一道连续柜墙。

❺ **独立厨房** 开放式厨房连接餐吧台 ，从工作区走来，高度下降 30 cm。

2

看平面图
选好生活

五口之家，抢救家居动线与采光！

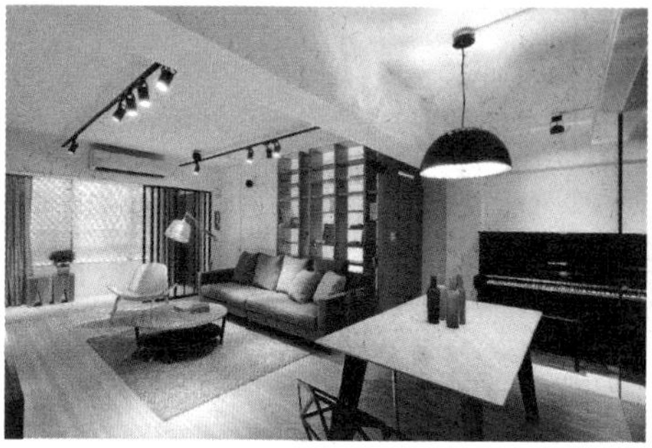

打掉一间房，换来六人餐厅 + Ⅱ形厨房

改造前

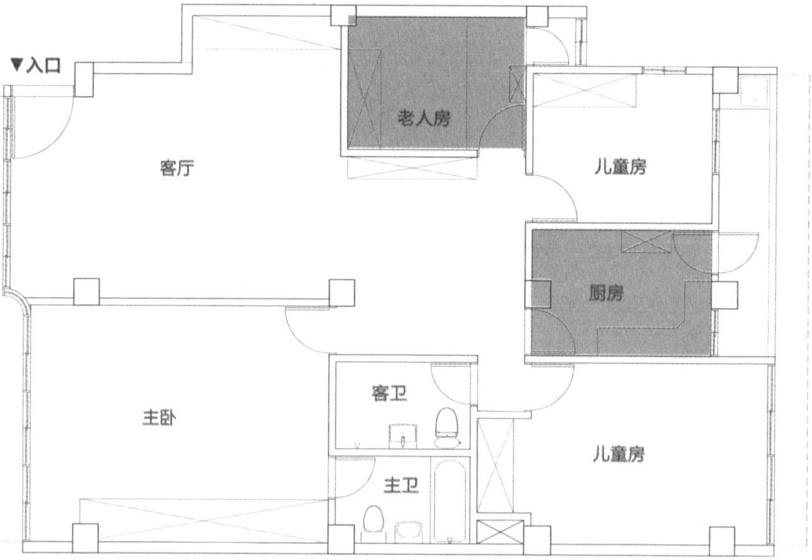
▼入口
老人房
客厅
儿童房
厨房
客卫
主卧
主卫
儿童房

色块为设计师调整的空间

此宅是三代同堂的五口之家，房子原为四室两厅两卫格局，封闭式厨房临后阳台，逾80高龄的老奶奶住的单人房，开窗小，光线不够明亮。如何通过空间整合，让四间卧房都能拥有更好的采光？针对一家五口同住的情况，在两间浴室的使用上，潜藏着使用不均的问题，如何让三代人，在同一时间使用卫浴的人数最大化？

设计师的第一个决定，就是先将卡在中间的老人房打掉，释放出完整空间，成为开放式Ⅱ形厨房，同时纳入用餐和吧台功能，也让餐厨区域成为待客、家庭聚会的核心空间。原厨房空间，因为邻近阳台有很好的采光，于是将老人房迁移进去。原本考虑将主卧卫浴外移供全家使用，但屋主最后决定保有私人卫浴，不想大动格局是考虑之一，另一方面也能维持家人各自的生活习惯。

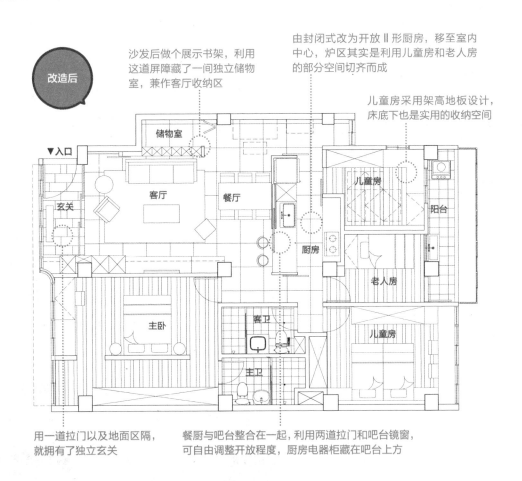

改造后

沙发后做个展示书架，利用这道屏障藏了一间独立储物室，兼作客厅收纳区

由封闭式改为开放Ⅱ形厨房，移至室内中心，炉区其实是利用儿童房和老人房的部分空间切齐而成

儿童房采用架高地板设计，床底下也是实用的收纳空间

储物室

▼入口

玄关

客厅

餐厅

厨房

儿童房

阳台

老人房

主卧

客卫

儿童房

主卫

用一道拉门以及地面区隔，就拥有了独立玄关

餐厨与吧台整合在一起，利用两道拉门和吧台镜窗，可自由调整开放程度，厨房电器柜藏在吧台上方

1 客厅堆置了三代人不同的生活用品，畸零地带设置电视柜。
2 厨房为封闭空间，大梁横穿而过。

房屋状况	大楼、新房
家庭成员	夫妻、老人、两个小孩
面　　积	126 m²
格　　局	玄关、客厅、餐厅、厨房、主卧、2间儿童房、老人房、主卫、客浴、储藏室
建　　材	玻璃、铁件、镜、木作、美耐板、矿物漆、抛光石英砖

客厅＋玄关

餐厅

改造后

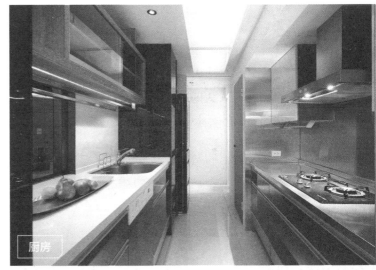
厨房

老人房

挑战同一时段使用双卫的人数

针对大家庭时常面临同一时段多人需要使用卫浴的情况，设计师在规划初期，便朝向同一时段供最多人使用的方向考虑，将主卧的卫浴移出来，并做出了 A、B 两种方案，提供专属于大家庭的不同选择。

独立双洗手台，可 4 人同时使用

方案 A 不只将主卧浴室外移，同时也将两间浴室的洗手台独立出来，成为双面盆盥洗区，当家人使用浴厕时，洗手台还能让其他人使用。原主卧则规划双动线，方便进出位于外部的卫浴。

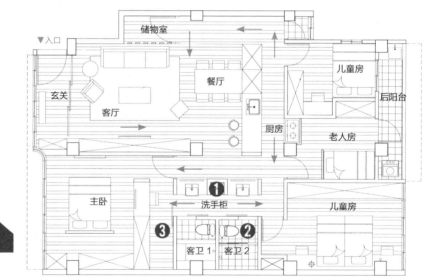

❶ **盥洗区外移** 　将两个浴室的洗手台独立于浴室外，可供 4 人同时使用：2 人盥洗、1 人如厕、1 人沐浴。

❷ **双拼客浴** 　两间卫浴都规划在公共区，提供淋浴泡澡、如厕功能。

❸ **主卧双动线** 　主卧除了入口，也可直接进出外浴室。规划 L 形柜墙、开放式更衣区，将梳妆台独立设置于主卧入口，如此一来，更衣、梳妆、浴室的进出动线便可相连。

双洗手台 + 双卫 + 单一浴室，可 5 人同时使用

方案 B 除了将洗手台外移，更进一步将两间浴室整合，并以拉门区隔出浴室、双马桶共 3 个独立空间，让同时段使用人数增至 5 人，效率倍增！此外，主卧里再设计一间独立更衣室，也能收纳全家的衣物用品。

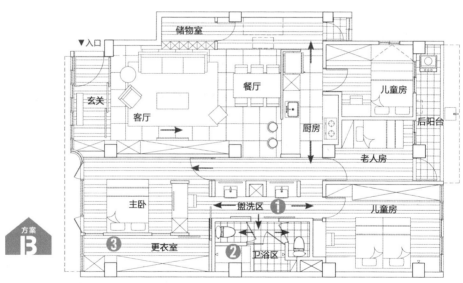

● **双马桶、洗手台独立** 除了将洗手台独立于浴室外，马桶也和浴室分离，可供 2 人同时盥洗、2 人使用马桶。

② **独立澡间** 将泡澡淋浴区独立，1 人沐浴时也不会占用厕所。

❸ **独立更衣室** 调整主卧室配置，拥有独立式更衣间，也收纳全家人的衣物用品，适合三代同堂的家庭使用。

预留年轻夫妇的私人空间，订制儿童房、书房、客浴

垫高地板＋填塞凹角，微整形就有"好气色"

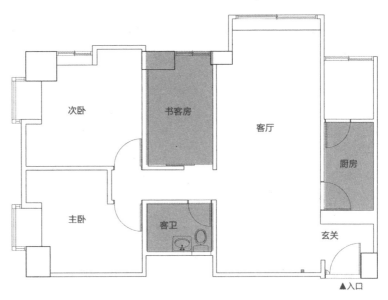

改造前

次卧

书客房

客厅

厨房

主卧

客卫

玄关

▲入口

色块为设计师调整的空间

此房为标准的三室两厅格局，屋主夫妻有生育计划，须预留一间儿童房和书房，原室内仅有一间浴室，希望能再增加一间主浴。因此决定打开书房，以玻璃屋形式与厅区连接，原封闭式厨房对外部开放，以餐吧台来串联客厅、厨房。再来调整玄关空间，争取能够设置客浴。如此一来，各区都拥有独立性。

此外，将书桌移开或升降于架高的地板之下，就能多出一个平台或地面，作为客房使用。吧台式的餐厨空间，营造出日式居酒屋般的情境。而主卧拥有大套间设计，次卧又能作为预备儿童房。

另一个需要克服的，是室内有许多角柱所形成的畸零空间，产生多处尖锐视觉，加上每个外推窗都有过高问题，相对压缩视角，因此采取架高、填塞手法，利用架高的平台、转角空间设置橱柜等，逐层地减去尖角比例，进一步隐藏修饰。

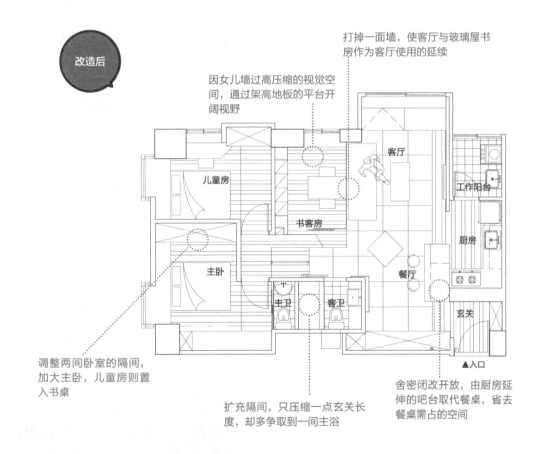

改造后

打掉一面墙，使客厅与玻璃屋书房作为客厅使用的延续

因女儿墙过高压缩的视觉空间，通过架高地板的平台开阔视野

儿童房

客厅

工作阳台

书客房

厨房

主卧

餐厅

主卫

客卫

玄关

▲入口

调整两间卧室的隔间，加大主卧，儿童房则置入书桌

扩充隔间，只压缩一点玄关长度，却多争取到一间主浴

舍密闭改开放，由厨房延伸的吧台取代餐桌，省去餐桌需占的空间

改造前

1

2

1 客厅邻近房间狭小，预计作为书客房。
2 厨房小而封闭，邻近大门入口。

房屋状况	大楼、老房
家庭成员	夫妻
面　　积	80 m²
格　　局	玄关、客厅、餐厅、厨房、主卧、次卧、书客房、主卫、客卫
建　　材	超耐磨木地板、玻璃、清水砖墙、抛光石英砖、轨道灯、木皮

客厅

厨房

改造后

客餐厅

书客房

架高地板延伸，做电视柜，还是做沙发座？

A、B 方案的主要差异在于书客房地板设计与客厅之间的联系。利用书客房架高延伸的地板，一种方案作为沙发底座，另一种则为电视柜，同样都能避免挤压到客厅空间。

书房木地板延伸成沙发底座，省靠背厚度

方案 A 是将架高地板延伸成沙发底座，两阶的高度不论是对客厅或走道来说，都是随停随坐的好用椅座。此外餐桌与开放式厨房结合，同时提供双侧使用。

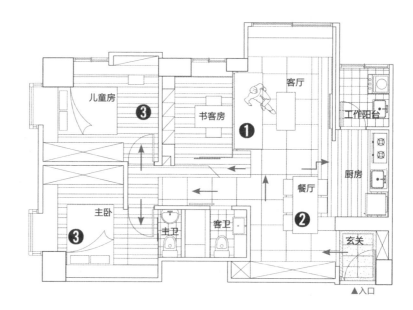

❶ **地板成为基座** 书客房的架高地板向客厅延展，成为沙发底座。

❷ **餐厨共享餐桌** 以餐桌作为厨房、客厅的中介，大餐桌可满足一家三口用餐与陪伴，同时也可作为厨房工作桌。

❸ **卧室等比大** 主、次卧维持一样大，预计作为儿童房的次卧，配置衣橱，以及一道长桌。

书房木地板延展成电视柜，以免多做柜体

方案 B 则是将书客房的架高地板扩充，成为客厅的电视柜，书客房的长书桌也是电视墙，当人们坐在沙发上，视线穿越电视墙、书房玻璃墙，至书房内的柜墙，空间景深一层层地延展，每一段风景都不同。

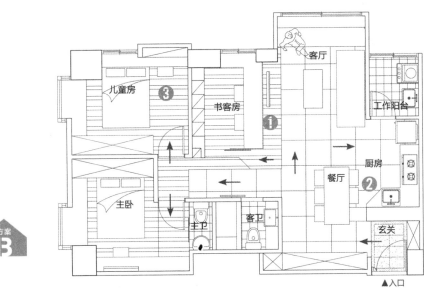

❶ **地板成为电视柜** 调换沙发与电视位置，书客房的木地板向外延伸，成为电视墙的座柜。

❷ **L 形厨具连接餐桌** 炉具居中设置，水槽邻近餐桌，加大厨房的使用空间。

❸ **次卧床头柜连接书桌** 调整次卧的床头方向，与床头柜连接。

是私人招待所，
也是父母老后的预备宅

一道隔栅为界，巧妙划开公私领域

改造前

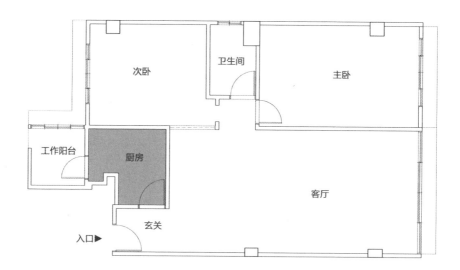

次卧

卫生间

主卧

工作阳台

厨房

客厅

玄关

入口▶

色块为设计师调整的空间

对于这间曾经居住多年的老房子，事业有成的屋主希望将老屋改为招待用途的住所，供亲友来访时暂宿或聚会使用，甚至准备日后照顾高龄长辈，老屋翻新后便能派上用场。房子拥有良好的采光、视野，室内约 66 m²，两室两厅格局，如何兼容招待所与住宅空间的使用呢？

以招待所空间作为设计初想，整体空间设计对公私领域的区隔不是很明显，借由餐吧台一旁的铁件格栅、隔间墙，将卧寝、会客空间划分开来。书房融入餐厅空间，并利用餐吧台来整合餐厨两区，形成以"餐聚"为中心的生活方式，餐吧台满足在家宴客的需求，兼作厨房备餐使用，也可以是全家人用来共同阅读的书桌。

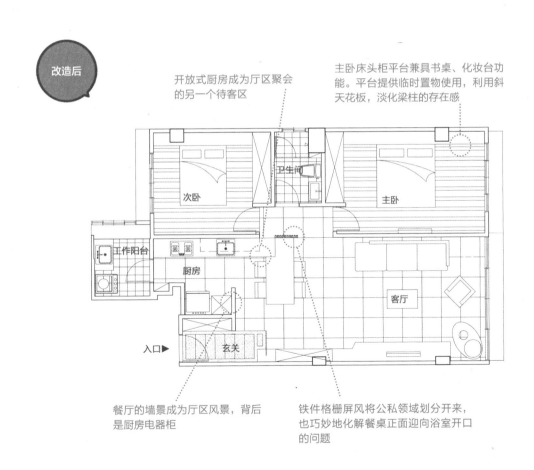

开放式厨房成为厅区聚会的另一个待客区

主卧床头柜平台兼具书桌、化妆台功能。平台提供临时置物使用，利用斜天花板，淡化梁柱的存在感

餐厅的墙景成为厅区风景，背后是厨房电器柜

铁件格栅屏风将公私领域划分开来，也巧妙地化解餐桌正面迎向浴室开口的问题

改造前

1 原厨房独立一区，后方为洗衣间。
2 一进门就是公共空间，餐桌设置于大门旁。

房屋状况	大楼、老房
家庭成员	夫妻
面　积	80 m²
格　局	玄关、客厅、餐厅、厨房、主卧、次卧、卫生间
建　材	铁件、抛光石英砖、实木地板、玻璃、木皮、砂浆树脂

餐厅

改造后

客厅

餐厅

强化"餐聚"设计，斜角厨房好，还是曲线厨房好？

屋主考虑到房子日后可能回归住宅用途，选择较保守的格局改造。在 A、B 方案中，设计师回应空间的私人招待所用途时，虽然餐厨区形式不同，但在思考格局时，特别强化以"餐聚"为中心的待客设计，都是以开放式厨房为基准，刻意摆脱陈规，以几何和流线让招待所空间更添度假游乐氛围。

厨房料理台导引斜向动线

方案 A 采取斜角动线策略，将料理台自厨房斜向延伸出去，配合转角量体的安排、次卧兼书房地板的延伸，让书房与客厅接轨，巧妙地体现书房的公共性。

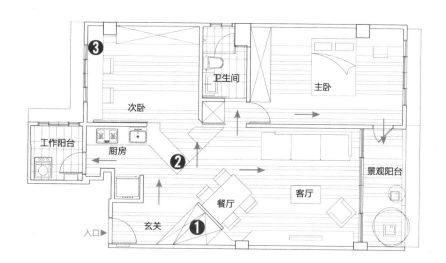

❶ **斜式屏风鞋柜** 入口处以斜式鞋柜取代玄关隔屏，自然而然地导引视觉转向前行。回避大门入口正对着客厅的突兀感。

❷ **斜角料理台** 将料理台自厨房斜向延伸出去，一来与架高平台形成吧台区，加长台面的同时也可作为厨下空间整合电器柜。

❸ **次卧 + 书客房** 斜向入口设计，再次将玄关、餐厨、次卧书房整合出聚会功能。

曲线厨房连接电视柜，公私空间一分为二

方案B则是以厨房料理台连接走道入口、次卧书桌、电视柜，在空间里拉出一道弯曲的带状动线，隐性地划分公私区域。全室采用同一材质来铺陈，产生美妙的流动韵律。

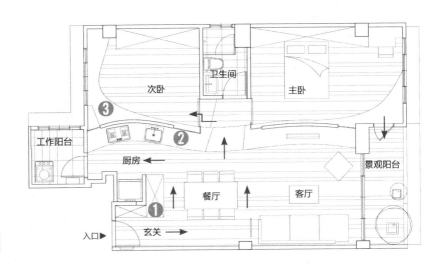

❶ 玄关＋厨房柜体整合　玄关鞋柜、餐柜、厨房冰箱收纳整合成一个收纳区块。

❷ L曲线划分空间　厨房台面的流动性，与客厅电视柜视觉上成为一条曲线，将公私区域分隔开来。

❸ 流线型书客房　次卧也兼书房使用，厨房料理台整合书桌呈带状律动。

拯救新婚小宅的多边形、三角形难题！

厨卫互换，双动线卫浴翻转畸零空间

改造前

工作阳台

主卧

卫生间

厨房

客厅

次卧

入口▶

次卧

色块为设计师调整的空间

原三室两厅一卫的格局，对新婚的屋主夫妻来说，看似生活功能齐全，实际上却是各个空间均狭小。而且因特殊的空间结构，利用室内边缘区域衍生出的畸零角落作为厨房，客餐厅无明显区隔，且无玄关设置，空间难以利用。

重新调整格局，将原本位于角落的三角状厨房外移，成为生活核心，腾出来的空间则规划为浴室。结合双开口动线，提高单一浴室的使用效率，而玻璃屋浴室引导视线穿透，小浴室也能拥有通透感。

房间数量则以适合小家庭使用的两房为基础，合并两间小房为主卧室，书客房兼做琴室，未来新增成员，也能够转化为儿童房。以架高一阶的地板向走道、厅区延伸，既有效区隔空间，也解决了因浴室移位后衍生的管线、泄水坡度等问题，满足新婚生活的各方面需求。

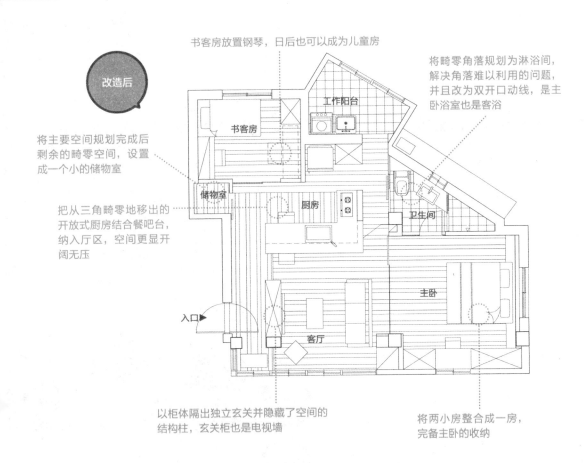

书客房放置钢琴，日后也可以成为儿童房

将畸零角落规划为淋浴间，解决角落难以利用的问题，并且改为双开口动线，是主卧浴室也是客浴

改造后

将主要空间规划完成后剩余的畸零空间，设置成一个小的储物室

把从三角畸零地移出的开放式厨房结合餐吧台，纳入厅区，空间更显开阔无压

书客房

工作阳台

储物室

厨房

卫生间

主卧

入口

客厅

以柜体隔出独立玄关并隐藏了空间的结构柱，玄关柜也是电视墙

将两小房整合成一房，完备主卧的收纳

1 客厅因柱子而形成凹洞，造成主空间零碎。
2 因特殊的建筑结构，在室内形成三角厨房，
　难以使用。

客厅

玄关

房屋状况　大楼、老房
家庭成员　夫妻
面　　积　73 m²
格　　局　玄关、客厅、餐吧台、厨房、
　　　　　　主卧、书客房、浴室、储物室
建　　材　梧桐木、油漆、水泥、玻璃、
　　　　　　木地板

改造后

厨房

厨房、卫生间

卫生间

三角畸零空间，挑战如何规划双卫浴

格局重整，最先定案的是浴室与厨房互调、玄关柜兼作电视墙，但在主卧室和公共区，如何达成双卫使用，成了 A、B 方案的讨论重点。

主卫设浴间，客卫独立

方案 A 让两间厕所独立使用，客卫为半套配置，没有淋浴间，但将洗手台设置在走道上，方便洗手。此方案另一个特点是主卧阳台改以景观绿植布置，彻底阻隔外墙渗漏的风险。

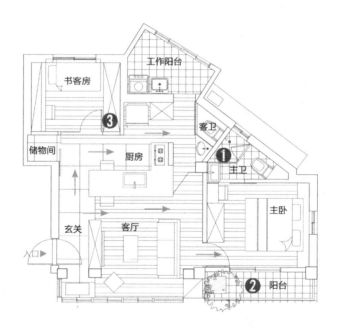

❶ **主客卫各自独立** 三角畸零地带规划成独立的两间浴室，客浴为半套配置。

❷ **主卧纳入阳台绿意** 增加主卧的采光与通风，为生活增添绿意，也预防日后老屋外墙渗漏波及室内。

❸ **完备书客房功能** 书客房强调收纳柜，为日后变更为儿童房做好准备。

主卫、客卫，共享淋浴间

方案 B 将双卫设计进一步发展为淋浴间共享，两间浴室都拥有完整的全套卫浴配置。另外不同于 A 方案的主卧内缩，在 B 方案中反而是着眼于增加主卧的收纳容量，回应屋主希望主卧室有较多可利用空间的需求。

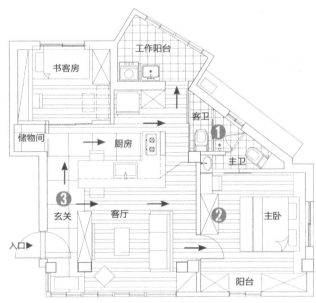

❶ 共享淋浴间 以共享的方式来满足主客的双卫浴需求。

❷ 增加主卧功能 不同于最终定案，A、B 方案主卧都增加橱柜与化妆桌。

❸ 以地面材质隔间 A、B 方案以地砖铺设玄关延伸到厨房，与室内木地板区隔强化分区。

夫妻作息不同，
睡眠质量提升大挑战

分床不分房大套间设计，以阅读区
隔出最好的距离

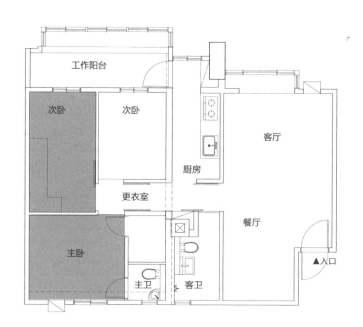

改造前

工作阳台

次卧

次卧

客厅

厨房

更衣室

餐厅

主卧

▲入口

主卫

客卫

色块为设计师调整的空间

这个家因为屋主夫妻喜欢阅读，家中藏书逾三千本，因此第一个问题就是："这些书该如何融入生活领域？"同时，屋主夫妻两人作息不同，主卧室的规划须分床设置，此外，还得预留大容量收纳的储物间，以方便整理家居用品、换季物品等，又是另一个挑战！

考虑实际使用空间的人仅有屋主夫妻，少了公私领域界线分明的需求，决定将原本一大两小的卧房整合成开阔的大套房空间，以对称的手法，公平地将主卧分隔为相对应的左右格局，同时纳入更衣室、储藏室及半套卫浴。

串联室内各区的走道化身为阅读书廊，不仅是三千本藏书的迷你图书馆，还能整合浴室开口、储藏室、管道间维修口等空间元素。另一方面，利用书廊的存在，把厅区的公共性一路延伸到主卧空间的书房区，形成书香生活空间。

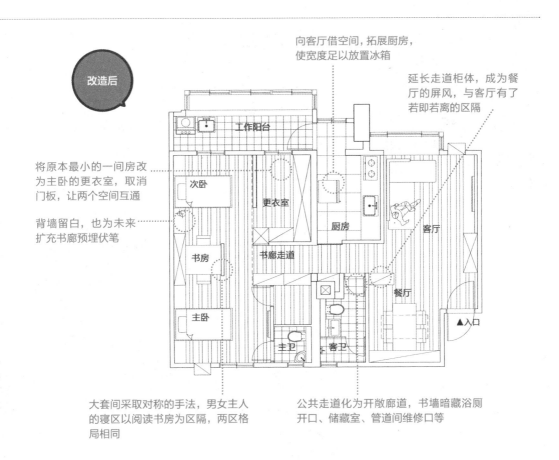

向客厅借空间，拓展厨房，使宽度足以放置冰箱

延长走道柜体，成为餐厅的屏风，与客厅有了若即若离的区隔

改造后

将原本最小的一间房改为主卧的更衣室，取消门板，让两个空间互通

背墙留白，也为未来扩充书廊预埋伏笔

工作阳台

次卧

更衣室

厨房

客厅

书房

书廊走道

主卧

餐厅

主卫

客卫

▲入口

大套间采取对称的手法，男女主人的寝区以阅读书房为区隔，两区格局相同

公共走道化为开敞廊道，书墙暗藏浴厕开口、储藏室、管道间维修口等

1 餐厅位于玄关旁的内凹区块。
2 原三房配置里最小的一房。

客厅

走道书廊、餐厅

房屋状况	大楼、老房
家庭成员	夫妻
面　　积	90 m²
格　　局	玄关、客厅、餐厅、厨房、主卧、更衣室、主卫、客卫、储藏室、书房
建　　材	木作、玻璃、木地板、水泥

改造后

主卧

阅读区

分床不分房，寝室设计怎么做？

夫妻伴侣作息不同，分床渐渐成为共识。此案的屋主考虑分床但不分房，因此做出不同的规划。既要降低不分房的干扰，也要结合两人喜爱阅读的习惯及藏书量需求，如何达成就成为讨论的重点。

大套间主卧，寝区、书房既独立又连接

方案 A 的着眼点是将主卧室分成寝区、书房，让寝区回归宁静，不受外部干扰。书房兼作起居区、客房使用，以开放式阅读空间的面貌呈现，双书桌之一采用移动式台面，且预留小沙发，滑开书桌，书房立即变身为客房。

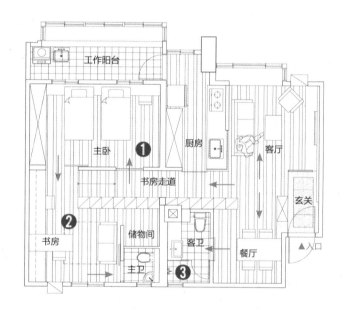

❶ **主卧** 改为双床配置的主卧寝区，与书房隔着拉门，整体空间仍不脱离大套间形式，但更有隐私。

❷ **书房** 书房兼起居室使用，采用开放式阅读区设计，双书桌之一采用滑动式设计，更方便转换书房和起居室或客房的用途。

❸ **浴室** 入口改由餐厅进出，走道书廊更为完整。

两间主题寝区，书房衔接书廊

方案 B 则是将主卧空间均分为相对应的两区，以休闲式书房串联。另外，改变浴室的入口位置，开口面对厅区，而非走道。因为两区各自独立，男女主人的作息不受另一半干扰，而这个方案成为最终定案的前身与基础。

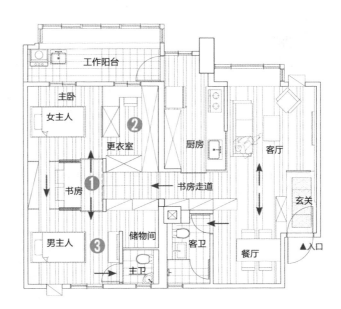

方案 B

❶ 休闲阅读区　主卧书房区以休闲概念呈现，并排的座位，使阅读多了一份度假般的乐趣。
❷ Π形更衣室　以一小房变更为女主人寝间的更衣室，Π形橱柜便于收纳，另外加入梳妆台。
❸ 休闲影视区　男主人寝区包含影视休闲设备，连接储藏室。

人与狗共同生活，
要阳光也要收纳的家！

把阳台变出来，畸零角落变身收纳
仓储区

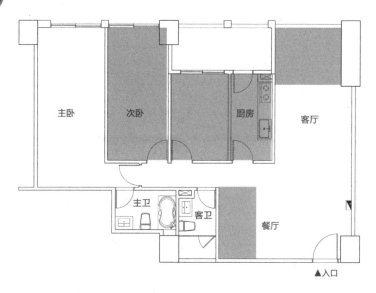

改造前

主卧

次卧

厨房

客厅

主卫

客卫

餐厅

▲入口

色块为设计师调整的空间

由于男主人因商务经常外出，实际使用者是另一半与陪伴多年的老狗。居住成员简单，房数需求为两房，如何让家人与老狗都住得舒服呢？

以一房换取扩大厨房空间，让简便的一字形厨房升级为整合吧台的开放式∏形厨房，厨房与客厅、餐厅能实时互动。室内的畸零区块更转化为好用的储藏区，如利用厨房入口的斜角动线，在畸零角落改造出一块迷你仓储区；舍弃鞋柜、储物间分区设置，改以玄关衣帽间替代。保留两房配置，并微调两房比例，换取增大主卧更衣区的机会，同时主卧入口过道狭长的问题也得到解决。

考虑到老狗活动，特别选择无缝式耐刮磐多磨，搭配清水模、砂浆树脂为主墙材质，客厅隔出阳台，铺设木平台、绿草地，是老狗的窝，也呼应厨房里那抹青色墙景。

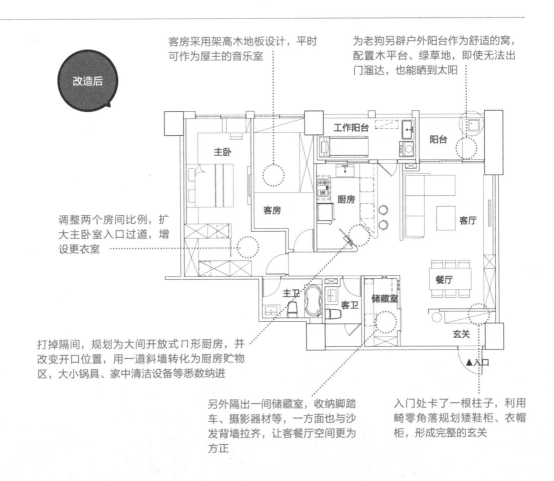

改造后

客房采用架高木地板设计，平时可作为屋主的音乐室

为老狗另辟户外阳台作为舒适的窝，配置木平台、绿草地，即使无法出门溜达，也能晒到太阳

调整两个房间比例，扩大主卧室入口过道，增设更衣室

打掉隔间，规划为大间开放式∏形厨房，并改变开口位置，用一道斜墙转化为厨房贮物区，大小锅具、家中清洁设备等悉数纳进

另外隔出一间储藏室，收纳脚踏车、摄影器材等，一方面也与沙发背墙拉齐，让客餐厅空间更为方正

入门处卡了一根柱子，利用畸零角落规划矮鞋柜、衣帽柜，形成完整的玄关

主卧　客房　工作阳台　阳台　厨房　客厅　主卫　客卫　储藏室　餐厅　玄关　▲入口

改造前

1 封闭式厨房配置一字厨具，收纳空间不足。
2 客厅与餐厅区为 L 形空间，无玄关设置。

房屋状况　大楼、新房
家庭成员　夫妻、老狗
面　　积　116 m²
格　　局　玄关、客厅、餐厅、厨房、主卧、更衣室、客房、主卫、客卫、玄关、衣帽间、储藏室
建　　材　磐多磨、清水模、砂浆树脂、木作、木地板、玻璃砖、玻璃

改造后

客厅

厨房

餐厅

家的ＡＢ方案

一个玄关，两种动线与柜配置！

A、B 方案的客厅循环动线、厨房改造、主卧室的收纳规划、书房兼客房的使用都一致，差别在于玄关空间的收纳功能与餐厅互相联动的配置，是 A、B 方案平面规划的讨论核心。

L 形长玄关，制造迂回动线

方案A以隔屏设计切出一条长形迂回过道，避免一进门便望见客餐厅的所有活动。另以尽头长柜为玄关柜。

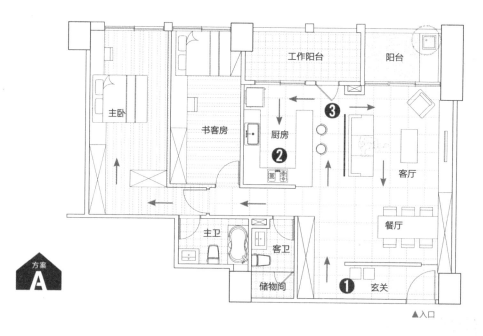

❶ **迂回玄关** 玄关隔屏划出一条迂回动线，隔屏局部透光，让家人能随时掌握大门处动静。

❷ **厨房U形动线** 与最终方案的开放式∏形厨房不同的是，A、B 方案采用U形动线设计，可以将工作阳台的家居动线一起考虑进来。

❸ **循环动线** A、B 方案的厨房与客厅一样以不靠墙的屏风格栅为界，形成循环动线，方便直接从客厅进出厨房、工作阳台，同时也是沙发背墙。

T 形短玄关，鞋柜衣帽柜分区

方案 B 更进一步将玄关分成两区，鞋柜独立于玄关端，另一端则是储物间，避免玄关过道狭长，同时玄关隔屏也是餐厅主墙。

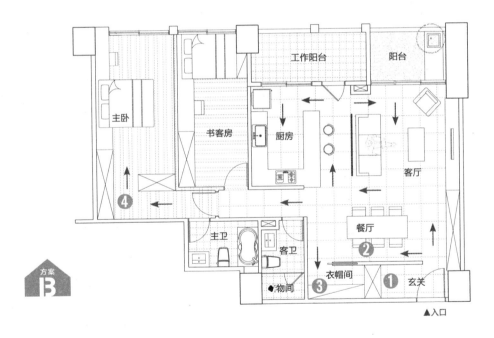

❶ **短玄关** 不靠墙隔屏使入口处没有封闭感，可直接进入空间。

❷ **两用屏风** 玄关屏风不仅区隔玄关内外，也是餐厅的主墙。

❸ **衣帽间** 鞋柜将玄关一分为二，后方设置衣帽间。

❹ **主卧柜动线** 与定案设置更衣间不同，A、B 方案的主卧都是以收纳柜来引导动线。

房间多却很分散，
想找回一家人的凝聚感！

舍弃两小房，公私区大变动，空间
动线更顺畅

改造前

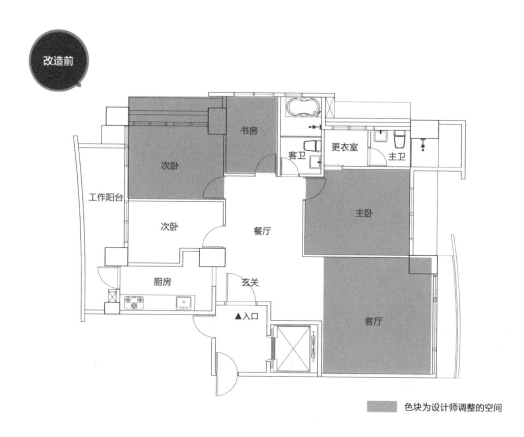

色块为设计师调整的空间

一间主卧套间、三间小房的格局，充裕的房数对于屋主所需的书房、储藏室需求，及一家四口使用，乍看下是绰绰有余。然而，房间分散于室内转角地带，空间里许多棱棱角角，让人感觉很有压迫感，此外，餐厅与客厅、厨房的距离远，不利于家人情感分享。本案设计提出维持现状、微调格局、重塑格局三种不同的平面讨论方案。

最终，屋主选择格局重塑的方案。保留小家庭使用的两房配置，将寝区与厅区各自集中，原客浴纳入新的主卧区域，原主浴则改为客浴。书房从房子前面往屋后移，解决客餐厅关系疏远的问题，厅区也成为全室动线枢纽，玄关柜扩充为衣帽间，如此一来，从玄关进入室内，望见的便是开阔而完整的长形厅区。

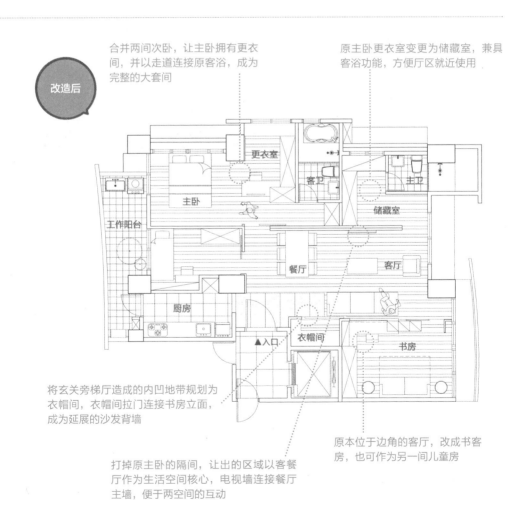

改造后

合并两间次卧，让主卧拥有更衣间，并以走道连接原客浴，成为完整的大套间

原主卧更衣室变更为储藏室，兼具客浴功能，方便厅区就近使用

将玄关旁梯厅造成的内凹地带规划为衣帽间，衣帽间拉门连接书房立面，成为延展的沙发背墙

原本位于边角的客厅，改成书客房，也可作为另一间儿童房

打掉原主卧的隔间，让出的区域以客餐厅作为生活空间核心，电视墙连接餐厅主墙，便于两空间的互动

1 次卧1，调整格局时拆除与邻房的墙，增设
　更衣间。
2 餐厅位于室内中心点，与客厅的关系疏离。

房屋状况　大楼、新房
家庭成员　夫妻、1 个小孩
面　　积　110 m²
格　　局　玄关、客厅、餐厅、厨房、主
　　　　　　卧、儿童房、主卫、客卫、书
　　　　　　客房、更衣室、储藏室、鞋柜
　　　　　　储物间
建　　材　木作、超耐磨木地板、铁件、
　　　　　　清水模涂料、石材、玻璃

客厅

主卧

改造后

玄关+客厅

客厅

格局不变 vs 格局微调，设计各有巧妙！

虽然最终定案是大改格局，但一开始，屋主其实是希望尽量减少大调整，在这个前提下，方案 A 几乎不动格局，方案 B 则是微调隔间。隔间涉及整体的格局规划，生活受控于格局，不动有不动的做法，微调有微调的好处。

维持原格局，四房很够用

方案 A 是以维持原格局作为设计发想，将紧邻客浴的小卧房改为和室，兼具书房、客房功能，是最精省的装修方式。

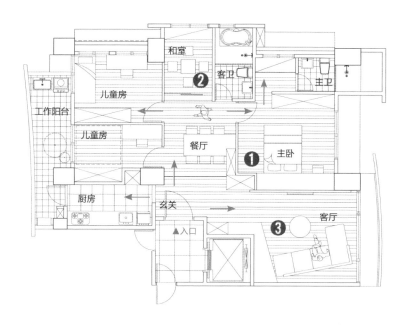

❶ **拓展主卧** 主卧室向客厅扩增，避免新增收纳柜墙后，降低应有的舒适度。主卧里的畸零空间则调整为更衣储物间。

❷ **和室书客房** 客浴旁的小房改为和室书房，兼客房使用。

❸ **斜角动线** 客厅的斜角动线安排，包括沙发、平台座柜等，无形中将视线导引至室内中心点的餐厅，从此与客厅有了连接。

微调两道墙，换到大主卧和书房

方案 B 先将原主卧改成书房，再打掉两面墙：其一是餐厅与原主卧间的墙，餐桌与书桌连接，满足宴客人数较多时的空间需求，同时也拓展书房的空间；其二则是与定案一样，打掉两间小房之间的墙，合并为主卧大套间。

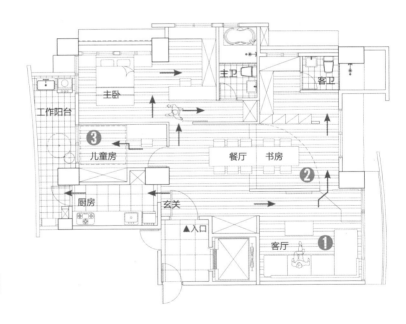

❶ **集中公共区域** 主卧室从空间右侧挪移至左侧，腾出了宽阔的厅区腹地，将客厅、餐厅、书房集中在同一区域。

❷ **弹性书房** 原主卧室空间改为书房、储藏室，书房采用架高地板 40 cm 的设计，书桌既可与餐桌连接，也可平放化为地板元件，让书房适时地充作客房使用。

❸ **儿童房地面架高** 儿童房采用架高地板式通铺，方便家长陪孩子们睡觉、游戏玩耍。

很任性！不想动格局，却要超强收纳和书房

书房箱型设计、收纳整合墙，从玄关起跑至阳台！

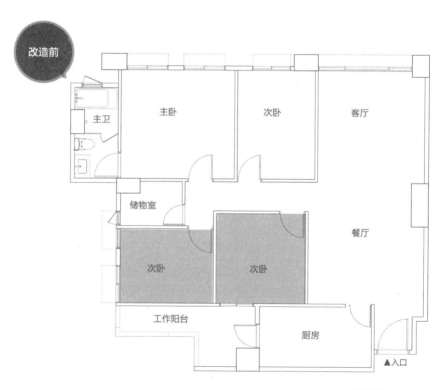

改造前

主卫

主卧

次卧

客厅

储物室

餐厅

次卧

次卧

工作阳台

厨房

▲入口

色块为设计师调整的空间

这是一场关于取舍的拉锯战。随屋赠送的全新厨具，是否保留？想要满足一家四口的柜体收纳，如何达成？爸爸提出想要一间宁静的书房，但也希望与其他空间互动。

在不打算变更原格局的前提下，综合考虑了房子的各方条件，首先找出最大干扰，就是由四个房间所夹出的阴暗且具封闭感的狭长走道。由于房型的缘故，考虑到走道势必存在于空间，既然避无可避，干脆就将走道拓宽，乍看似乎是牺牲了与走道相邻的卧房空间，实质上却得到了意想不到的效果。往来厅区、寝区，行经走道时视野开阔、心情轻松，架高两阶的通透书房得以分享走道视野，书房外的平台，则缓冲进入寝室时转角的压迫感。

至于收纳方面，则用一道电视墙从客厅、餐厅，延伸至玄关，柜墙内部整合电视柜、结构柱、餐边柜、鱼缸及鞋柜，成为化零为整的多功能主墙。

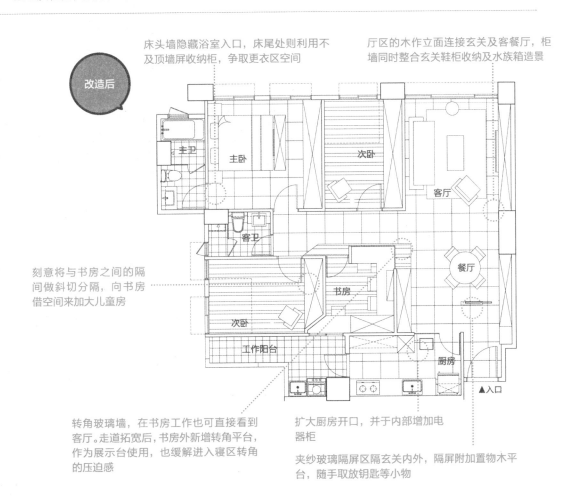

改造后

床头墙隐藏浴室入口，床尾处则利用不及顶墙屏收纳柜，争取更衣区空间

厅区的木作立面连接玄关及客餐厅，柜墙同时整合玄关鞋柜收纳及水族箱造景

刻意将与书房之间的隔间做斜切分隔，向书房借空间来加大儿童房

转角玻璃墙，在书房工作也可直接看到客厅。走道拓宽后，书房外新增转角平台，作为展示台使用，也缓解进入寝区转角的压迫感

扩大厨房开口，并于内部增加电器柜

夹纱玻璃隔屏区隔玄关内外，隔屏附加置物木平台，随手取放钥匙等小物

主卫　主卧　次卧　客厅　客卫　书房　餐厅　次卧　工作阳台　厨房　▲入口

改造前

1 公共空间景深长，客餐厅之间存在着厚
  实基柱。
2 玄关旁是封闭式厨房。

餐厅

书房

房屋状况	大楼、新房
家庭成员	夫妻、2 个小孩
面　积	113 m²
格　局	玄关、客厅、餐厅、厨房、主卧、2间儿童房、主卫、客卫、书房、更衣间
建　材	柚木、栓木、橡木、抛光石英砖、铁件、夹纱玻璃、玻璃、中空板、石材

改造后

客厅

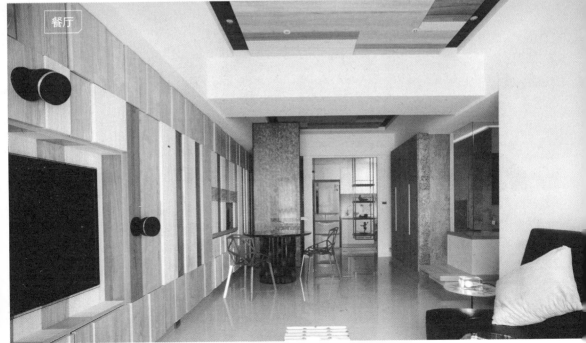

餐厅

与客厅整合，半开放、全开放书房设计

A、B 两种方案皆采用书房与客厅连接的方式，厨房也改为结合吧台的开放式设计，书房的开放性以及厨房的形式，在两种方案中各有不同的诠释。

全开放书房，整合并入客厅区

方案 A 采用开放式书房设计，仅做了一房的隔间拆除，让阅读空间附属于客厅，加大厅区，也让阅读深入家人共处的生活领域。厨房则是保留附赠的橱柜，另加设吧台。

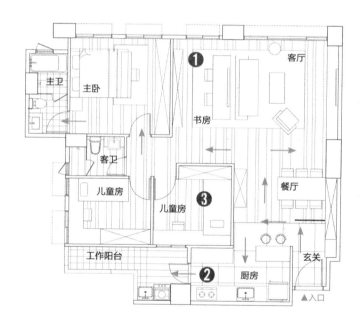

❶ **开放式书房** 拆除与客厅相邻的隔间，改为开放式书房，纳入公共空间，阅读空间有助于提升厅区的开阔性。

❷ **保留厨具、增设吧台** 保留建商附赠的橱柜，但增加吧台功能，且利用不同的地材区隔厨房与厅区。

❸ **儿童房增设书区** 与最终定案不同，儿童房内皆设有阅读书桌。

半开放式书房，增设筒形走道储物区

方案 B 采用半开放式书房设计，在相邻走道、客厅的两面用可升降的帘子取代隔墙。书房入口处设计一道圆筒状储物区，增加居家收纳量。此外，撤除附赠的厨具设备，将冰箱由餐厅内移至厨房，纳入开放式ㄇ形厨房空间，整体更具一致性。

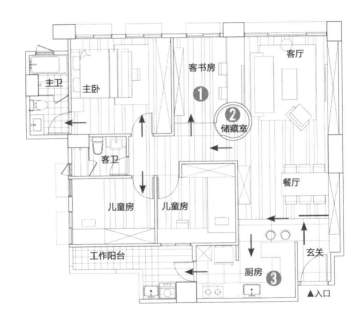

❶ **半开放式书房** 将客厅相邻的次卧作为书房，并采用半开放式设计，另以帘子开合作为与走道、客厅的区隔。

❷ **圆筒储藏室** 书房入口设计一道圆筒状储物间，优雅的圆弧线条柔和了空间的方正感。

❸ **换新厨具** 原建商附赠的橱柜全部撤除，冰箱由餐厅移至厨房里，开放式ㄇ形厨房设计更实用。

大人、小孩、猫，
三赢共享的空间

卧室重整，走道书桌结合猫跳台

改造前

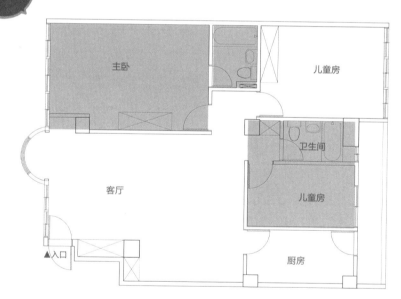

主卧

儿童房

卫生间

客厅

儿童房

▲入口

厨房

色块为设计师调整的空间

屋主夫妻家里有两个正值青春期的初中生，住宅原格局因其中一个孩子的房间旁有浴室，导致两个孩子的房间一大一小。此外，室内并无书房设置，以往只能将就使用主卧室梳妆台，因此男主人希望除了两个孩子的房间一样大，也希望在公共空间里，拥有书房或书桌的设置。

首先要做的便是撤除孩子房间旁的浴室，并迁移至主卧浴室旁，同时调整两间浴室的内部动线，舍弃浴缸设置，改为采用扇形淋浴间的设计。至于男主人提出的书房需求，则是将书房对外释放出来，利用转至厅区的转折过道，设置走道书桌，结合猫跳台设计，创造大人、小孩与猫三赢共享的生活空间。此外，截取客厅的畸零角落规划储藏室，让原本电视墙旁的凹间发挥作用，提高生活收纳的便捷度。

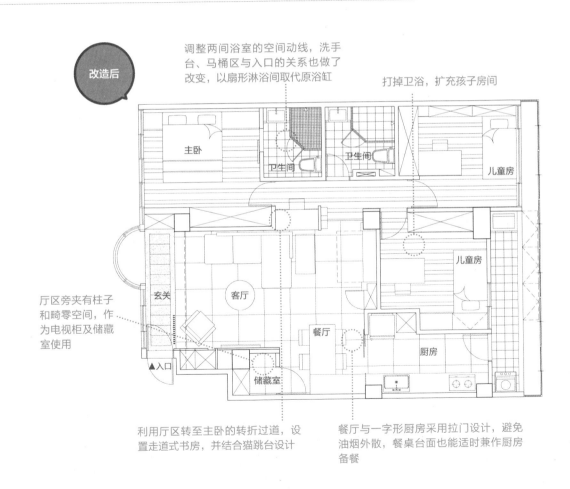

改造后

调整两间浴室的空间动线，洗手台、马桶区与入口的关系也做了改变，以扇形淋浴间取代原浴缸

打掉卫浴，扩充孩子房间

厅区旁夹有柱子和畸零空间，作为电视柜及储藏室使用

利用厅区转至主卧的转折过道，设置走道式书房，并结合猫跳台设计

餐厅与一字形厨房采用拉门设计，避免油烟外散，餐桌台面也能适时兼作厨房备餐

主卧

卫生间

卫生间

儿童房

儿童房

玄关

客厅

餐厅

厨房

▲入口

储藏室

改造前

1 电视墙旁的转角凹间闲置。
2 使用多年的厨房布满油污，窄小且封闭。

房屋状况	大楼、老房
家庭成员	夫妻、2个小孩、宠物猫
面　　积	102 m²
格　　局	玄关、客厅、餐厅、厨房、主卧、2间儿童房、卫生间、储藏室、过道书区
建　　材	木地板、石材、铁件、玻璃、深色栓木

厨房

过道书桌+猫跳台

改造后

086

电视墙+餐厅

收纳柜

沙发换个位，餐桌、储藏室跟着变！

和最终定案不同的是，A、B 两种方案主要是针对卧室、客厅两区的调整，包括主卧室的开口位置，是否把走道书房纳入卧室，沙发座向是否面向玄关。此外，客厅的电视墙方位设计与选择，同时也会牵动畸零角落的储藏室规划。

沙发与餐桌共区，适合家人亲密互动

方案 A，沙发的位置背对入口，搭配可加长的弹性餐桌，框出客厅空间，营造全家聚在一起的空间氛围。采用开门式独立厨房，餐厅区加设收纳柜与置物平台，增加餐厨空间的使用功能。

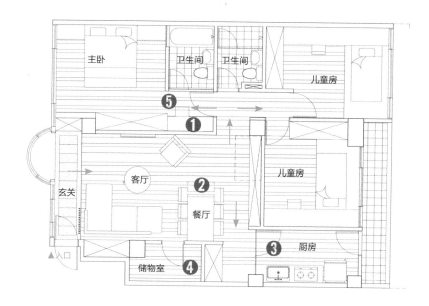

❶ **延伸电视墙** 位于主卧内的书桌不仅满足男主人的书房需求，也延长了电视墙尺度，拉长了客厅视野。

❷ **弹性餐桌** 四人变六人座的加长弹性餐桌，一家四口还能邀朋友同乐。

❸ **独立厨房** 天天开伙为全家烹饪美食，避免油烟味飘散。

❹ **独立储藏室** 沙发背墙后方设置储藏室，连接背墙收纳区，并延伸至餐厅区，形成客厅背墙，呼应客餐厅主墙的一致性。

❺ **书房纳入主卧** 将主卧入口再外移些，让浴室和书桌、化妆台成为主卧的一部分。

沙发与餐厅分区，适合家人共聚却不互扰

方案 B ，沙发面向入口，家人进出可一目了然的设计，与最终定案相同。这个方案以开放式空间设计，包括入口到客厅、餐厨空间、储藏室。餐桌则采用 6 人座，连接厨房料理台的整合式设计。

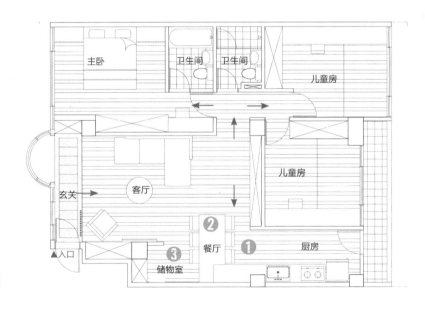

❶ 开放式厨房 一字形厨房采用开放式空间规划。

❷ 六人座餐桌 大餐桌与厨房台面连接，成为一气呵成的餐厨空间。

❸ 开放式储物空间 将畸零角落改造成开放式储藏空间，释放空间给餐厅。

舍弃老旧格局，
老房子很想再年轻一次！

重组双卫与主卧畸零空间，采光、
收纳双赢

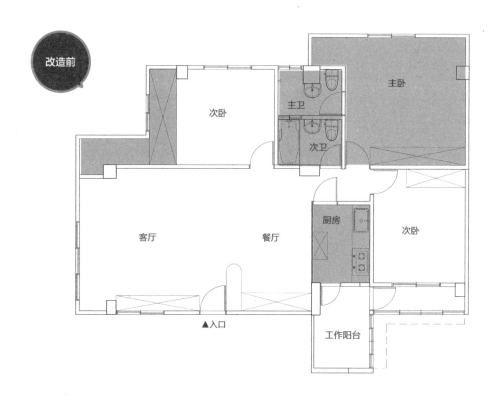

改造前

次卧

主卫

次卫

主卧

客厅

餐厅

厨房

次卧

▲入口

工作阳台

　　色块为设计师调整的空间

预计作为女儿新婚的房子是女主人从小生活成长的家，也就是所谓的老房子。此屋的屋况老旧，格局封闭，但其实本质上拥有很好的采光和视野，可惜受到大橱柜遮蔽，虽然满足生活收纳，却牺牲了光线。另外，屋主希望两间浴室都能有对外窗，因此，采光和收纳变成了此案讨论的重点。

格局有较大改动的区域在两间卫浴，重整两间浴室和主卧的畸零凹处，重组成主浴、客浴及更衣间等单元，两间浴室得以拥有对外窗，主卧也拥有了收纳功能。改造一房为书房，考虑采光，以玻璃墙设计，与客厅能共享光与景，还能与家人互动。书房和客厅都有大面展示柜，满足藏书需求。

厨房由封闭式改为半开放，红砖矮墙半遮掩厨房内部，形成一方窗口，隐去炉具区的存在，回应屋主不希望人在玄关即看到厨房台面的需求。

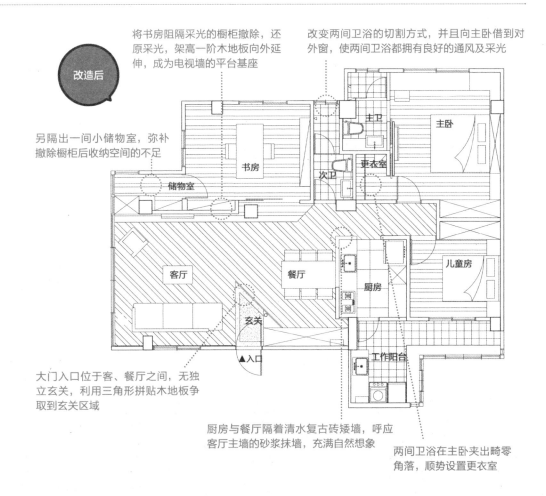

将书房阻隔采光的橱柜撤除，还原采光，架高一阶木地板向外延伸，成为电视墙的平台基座

改变两间卫浴的切割方式，并且向主卧借到对外窗，使两间卫浴都拥有良好的通风及采光

另隔出一间小储物室，弥补撤除橱柜后收纳空间的不足

改造后

书房

储物室

主卫

次卫

更衣室

主卧

客厅

餐厅

厨房

儿童房

玄关

▲入口

工作阳台

大门入口位于客、餐厅之间，无独立玄关，利用三角形拼贴木地板争取到玄关区域

厨房与餐厅隔着清水复古砖矮墙，呼应客厅主墙的砂浆抹墙，充满自然想象

两间卫浴在主卧夹出畸零角落，顺势设置更衣室

1 书客房拥有L面采光，其中一面完全被橱柜、杂物遮挡，还使一块区域无法被利用。
2 主卧浴室旁产生畸零空间。

房屋状况 大楼、老房
家庭成员 夫妻
面　　积 110 m²
格　　局 玄关、客厅、餐厅、厨房、主卧、次卧、书客房、主卫、次卫、更衣室
建　　材 铁件、清水砖墙、砂浆树脂、实木地板、木皮

玄关

餐厅

客厅、书房

家的AB方案

厨房与主客浴室的功能再调整

相对于最终方案，A、B方案在书房、双卫、主卧的设计思考上是相同的，但在细节呈现上又各有差异。不同于最终方案注重两间卫浴的对外窗，A、B方案都以完备主卧功能为要点，将床头区规划为梳妆空间，差别在于用水区的不同，影响了主卧和厨房规划。

开放式Ⅱ形厨房，主卧梳妆区也是盥洗区

方案A不延长卧室走道，以便将原定方案中的更衣室空间让给客浴，主卧浴室则调整配置，并将洗手台独立出来，和床头后方的一字形梳妆桌整合。厨房改为开放式Ⅱ形厨房。

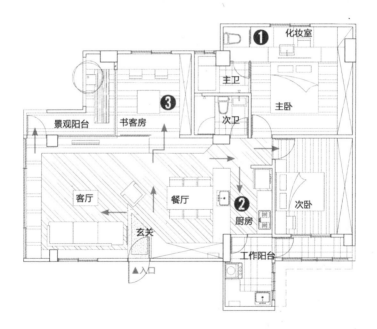

❶ **外洗手台**　主卧室床头后方的一字形空间规划为梳妆台区，将洗手台独立于卫浴外。

❷ **开放式双排厨房**　开放式厨房采用双排柜设计，水槽柜面对厅区，这样可以使备餐、餐后整理操作时面向厅区，与家人有很好的互动。

❸ **书房架高地板兼收纳**　不同于定案架高一阶，A、B方案的书房木地板架高两阶，地板下空间供居家收纳使用。

∏形厨房，主卧梳妆区也是工作区

方案 B 一样不延长卧室走道，更衣室让给客浴。但主卧室洗手台则规划在浴室，使梳妆桌面保持完整长度，也可当作书桌。厨房采用∏形空间设计，开口面向大门，动线更为顺畅。

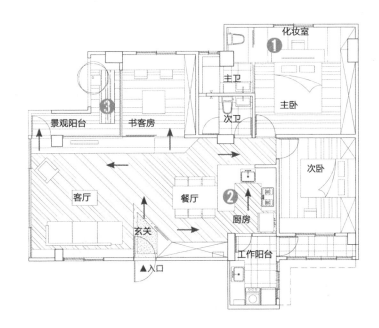

❶ **梳妆台兼书桌** 主卧室床头后方的过道，回归纯粹的化妆区使用，洗手台回归浴室。

❷ **开放式∏形厨房** 开口面向玄关，动线精简，采购回家后无须经过走道，即可直接进入厨房迅速完成分类整理。

❸ **景观阳台** A、B 方案皆放大书房的采光优势，将 L 形区域规划为景观阳台。

第三章

好设计，让你的家多 10 m² ！

1

格局共享，凝聚老屋温馨感

把室内玄关变院子，给你一个完整的回家感觉！

空间整合手法

善用畸零
室内玄关＋阳台，争取 3 m² 的女主人专属区。

模块收纳
电视墙兼作客厅的小物暂放、收纳使用。

化零为整
工作区＋餐厅＋厨房＝完整的家庭聚会空间。

空间加大
书房＋大片拉门＝功能性的空间互补、延伸。

● 从没有玄关，到拥有景观院子和男女主人各自专属的阅读区，以及可容纳小组活动的社交餐厨区，在有限空间里充分满足亲子教育生活的广度及多元需求。

回家，希望先经过一个院子再进入家门。这是离开工作岗位、回家的情绪过渡。但对这间隐身都市中心的巷弄老房子来说，绿院是可遇而不可求的，因为原始的三室两厅格局，是没有玄关设置的。

加大阳台，给家一个玄关院子

若按原格局，在大门入口处加设鞋柜，会导致客厅变得畸零，达不到好的使用效果。因此在衡量屋主一家人需要两间儿童房、书房、主卧等需求之后，回过头来看客厅、餐厅及厨房这 3 个区域。思考原本各自独立使用的 3 个区域，是否能汇整成一个完整的生活空间，从而更贴近日常的家人团聚、居家学习的使用目的。

从这个基础出发，调整格局时决定将阳台内推，争取大约 3 m² 舒适的玄关院子，让家人回到家，有了换鞋的临停之地。从玄关眺望城市繁华，别有一番情趣。

老屋格局重整，原来隐藏的室内走道空间也浮上台面。如何让走道空间成为生活日常的使用助力，而非闲置浪费？随着阳台加大，紧挨着玄关院子，隔着一面玻璃墙，利用空间剩余的畸零地带为女主人设置专属角落，学习、记账等，都有公园绿景相陪，而且孩子们打开家门，第一眼就能看见妈妈在厨房里忙碌的身影。

1 将原本各自独立的客餐厅、厨房，化零为整，开放式厨房纳入餐厅功能，餐厅取代传统客厅的社交功能发挥无遗。利用畸零空间为女主人设置家庭工作专区。**2** 原本大门是在室内，如今阳台内推，整合大门出入口成为阳台式玄关。

房屋状况	公寓、老房
家庭成员	夫妻、2 个小孩
面　　积	170 m²
格　　局	阳台玄关、餐厅、厨房、起居室、主卧、儿童房、和室书房、主卫、客卫
建　　材	金属、清水模、玻璃、砖、实木、回收栈板、旧料桧木
得奖纪录	2015 年中华创意设计奖"家居空间大奖"铜奖、2016 年意大利 A'Design Award 室内空间住宅案银奖、2016 年德国 IF Design Award 设计大奖、2017 年日本 Good Design Award 入围、2017 年中国 APDC 亚太室内设计佳作

待客或家庭聚会，客厅、餐厅分得清清楚楚

在这里，空间的主从次序被重新定义；进一步说，是住家的餐厅角色被重新定义。

传统上，客厅被视为用于招待客人的空间，餐厅则是用餐空间。但在这两层楼住宅里，楼下空间以开放餐厨区取代客厅作待客使用，还原餐厅的公共性、美食社交性，双冰箱、酒柜、厨房设备等一应俱全。朋友聚会、烹饪烘焙学习、制皂共学等，都可以围着大餐桌进行，宽面实木桌则成为厨房工作区台面的延伸。

书房设计呼应餐厅的社交功能，刻意采用大片拉门设计。当拉门滑开时，书房变成餐厅的延伸，空间感倍增，大人们在餐厨区活动，书房则成为孩子们的游戏乐园。书房特别采用架高地板设计，居家收纳、卧寝床板、座椅等需求一次满足，亲友留宿时便能派上用场。

1 原来隐蔽而无用的走道在格局调整后，使用性大幅提高，大拉门设计有助于开阔空间感。2 书客房也是餐厅社交的一部分，空间运用弹性高。3 儿童房左侧墙面用料来自回收的二手桧木，重新打磨、抛光而成，桧香满室。4 楼上空间的彩虹色调电视墙，利用卡榫设计，提高随手收纳、布置及展示的实用度。栈板主墙呼应屋外自然绿意，刻意保留的斑驳墙体搭配经典旧家具，别有一番韵味。5 楼上空间，老房子的铁皮屋桁架保存良好，成为阁楼空间设计的灵感来源。

4

5

1

2

3 4

不及顶隔间，漂亮街景转身看得见

客厅移往楼上空间，以起居室形态纳入主卧区域，是一家四口最爱的迷你电影院。楼上空间近 70 m²，从特殊的斜屋顶结构发展成自然原始的阁楼设计，同时保留了老房子数十年的旧生活记忆。

一道不及顶、左右不贴墙的清水模隔屏，将寝区、起居阅读区分隔开来，并开出双动线，将室内导引成一个自由的环形动线。更改寝区旁的景观阳台开口方向，带来视觉上的开阔感，屋外一抹绿意透过落地窗带来框景美感，跟着人在室内游移放送。

在有限的空间里，收纳秩序的建立是很有必要的，特别是小物收纳部分。七彩色调的电视墙利用卡榫设计，提供亲子可共同布置的移动性层板架，同时提供随手暂放平台，生活教育的基础就从居家开始。

1 一道红砖墙，后方是主卧卫浴。 2 主卧寝区外的小阳台更改开口方向，木平台串联室内外，人们的视线也跟着向远方延伸。 3 清水模墙壁将室内分隔成寝区、起居区。 4 主卧的铁件衣橱采用长 1.5 m 的拉门，导引视线穿透、延展，空间显得更深远。

空间改造
计划

老社区的公寓老房子，拥有极佳的视野、公园景观，却因封闭式的独立格局无法共享。在维持屋主一家四口所需的三房两厅配置下，须满足新增玄关、增设可供多人聚会使用的社交空间的需求，是本案改造的重点。

格局调整清单

- Ⓐ **玄关** —— 阳台内缩，争取增设玄关院子所需的空间。
- Ⓑ **厨房** —— 餐厅与厨房取代客厅功能，整合为饮食聚会的社交空间。
- Ⓒ **起居 + 阅读区** —— 阅读、起居空间既分区又整合，一个区域两种功能。
- Ⓓ **主卧** —— 以清水模墙屏分隔卧寝、起居区。

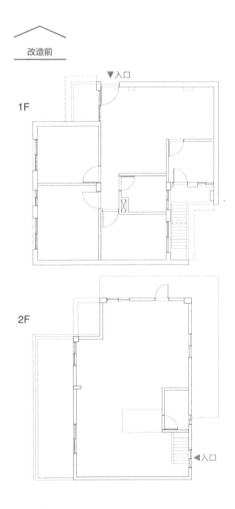

改造前

▼入口

1F

2F

◄入口

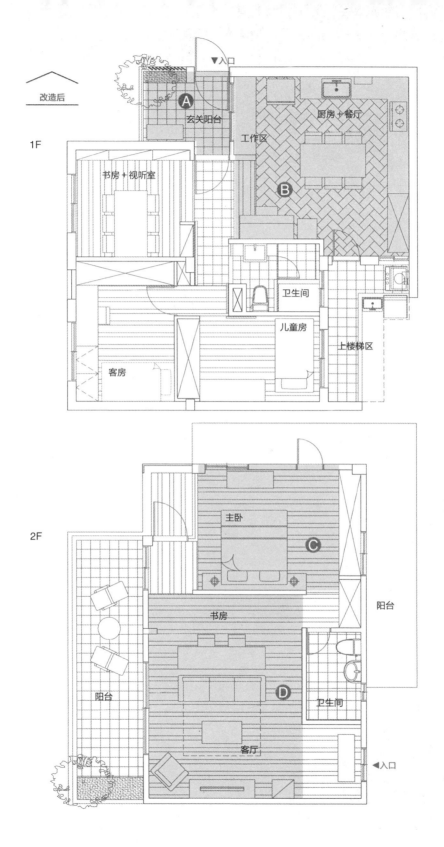

改造后

1F

玄关阳台
入口
厨房+餐厅
工作区
书房+视听室
卫生间
儿童房
上楼梯区
客房

2F

主卧
书房
阳台
阳台
卫生间
客厅
入口

合并加大

阳台内缩的加大效应

原空间阳台过小，且大门直通室内并无玄关设计，却有一道无实用性的走道。因此将阳台内推，与大门入口走道空间合并，形成具有玄关功能的院子，同时也成为城市里难得一见的景观玄关阳台。

利用隐形走道，争取 4 m^2 的工作专区

随着玄关、餐厨区的格局调整，室内走道也被充分利用起来，将 L 形厨房末端的约 4 m^2 的畸零地带，规划为一处简便的工作专区，作为女主人学习、记账等活动的个人专区。大片的落地玻璃，能延伸视野，也将窗外的绿光引进室内。

模块收纳

可调式栈板墙，每块皆可收纳

起居区的电视墙取材自回收的木栈板，以 85 cm × 100 cm 的模块化规格，填入三角形空间里。活动层板可视需要变换位置，吊上挂钩就能吊挂衣物、盆栽，成为与室外人自然连接的装置。

木平台延展，将室外空间拉进屋内

更改主卧寝区旁的小阳台开口位置，改以大面玻璃窗替代，屋外阳台的木平台向室内延展，制造视觉上的错觉，发挥扩大空间感的作用。而绿意植栽与落地窗构成如画般的框景，成为室内随时可观赏的风景。

善用落地窗拉长景深

户外露台围栏刻意选用薄型铁件，让屋外景观避免因围栏的厚重线条而受到遮挡，高楼层一望无垠的开阔视野，透过落地窗拉长室内景深。

2

长屋取光，动线自由

空间1倍变2倍，老街屋变身天井中庭住宅

空间整合手法

迂回动线
斜坡入口回应空间与人行道退让关系，也创造出可供展示的艺廊玄关空间。

天光共享
天井庭园照亮街屋中段区，居家、工作室共享。

岛状动线
居家空间围绕着厨房吧台与电视柜屏展开。

走道两用
厨房空间是走道动线，也是连接两间房的通道。

● 长屋以"前店面、后住家"的空间架构呈现，特殊的天井中庭格局，解决长屋中段采光不佳的问题，与会议区、主卧、客餐厅等共享，创造空间翻倍的放大感。全室使用原始且传统的材料，搭配部分旧门墙木料及其他工程剩料，赋予老街屋全新的空间状态。

因基地抬高的缘故，进入这间位于市中心老旧公寓一楼的街屋，首先要登上两层台阶，才能看到入口。

这里是城市中心里的老社区，由于早期曾被水淹过，因此建筑基地做了抬高处理，衍生出较不便利的阶梯入口类型。房子面临城市街道，纵深长，是传统的"前店面、后住家"街屋，也符合住办合一的使用设定。

设计时，顺着建筑基地与路面的落差条件，改用斜坡取代阶梯设计，作为房子与街道的连接，解决街屋与人行道的退让关系，转折后，与展示廊道接续，开出一条迂回动线。

切割街屋，由 3 根柱子启发改造灵感

空间，不只眼前所见。一切，要从空荡荡长屋里的 3 根柱子说起。长形街屋依柱子切割住、办两区，临街的前半段作为工作室使用，采光条件最佳，玻璃墙结合展示柜的设计，兼具引光、橱窗展示功能，以及半遮挡内部工作情景；后半部空间作为私人住宅，两室三厅双卫配置，符合小家庭使用。

工作室空间宽广开阔，灰色基调既低调又有张力，金属架构的工作区打破单人单区的工作模式，改为共享平台的方式，工作长桌犹如一座创意岛，形成不受方向限制的人流动线，自由且顺畅。会议区采用架高地板设计，木桌可拆开，化为木地板的一部分，与工作区形成视觉的差异，同时连接中庭绿景，使用上也有扩大空间的效果。

1 工作室的入口斜坡，为退让人行道做出回应，带出迂回的前行转折。**2** 金属架构的工作区以共享平台的方式打造，以工作长桌为中心，形成不受方向限制的人流动线，自由且顺畅。

房屋状况　公寓、老房、住办合一
家庭成员　夫妻、2 个小孩
面　　积　150 m²
格　　局　作品走廊、工作区、茶水事务间、会议区、天井庭园、主卧、客厅、书餐房、次卧、厨房、双卫
建　　材　实木、木作、玻璃、铁件、木地板、旧料
得奖纪录　2009 年 TID 室内设计大奖单层住宅类空间入围

还原天井，中庭分 3 区共享

会议区后方的天井中庭，则是老街屋给的大惊喜，可解决长屋中段昏暗的困扰。
原先，长屋中段是另隔出一间房的。拆除时，意外发现该区是公寓建筑的天井，
却因为希望增加室内空间的使用，做了增建处理，同时也遮挡了街屋中段的最
后一抹自然光。

还原"该有"的中庭吧！天井中庭以"埕"的意象呈现。传统的埕，有方正围塑之意，
转化至建筑空间则成为天井，阳光、空气、水，在这里交会、传递、发挥。起居区、
主卧、会议区等环绕着天井中庭，三区的视线重叠下，不论是往前、往后、往侧，
都有空间增倍的效果。

1 街屋前段作为工作室使用，金属结构的工作平台犹如中央岛，导引四方回旋循环。 **2** 工作室
简洁明快，会议区架高木地板，与工作平台区做出明显分界。 **3** 对屋后的私人生活空间来说，
天井中庭像是厅堂前院、卧房侧院，一抹绿意穿墙而来。**4** 中庭同时与周围三区共享，带来 1
倍变 2 倍的空间效果。

3

4

1

2

1 客厅沙发背墙保留老房子的旧砖墙，电视墙以柱子为基础，整合电器柜。**2** 厨房走道串联两间卧房、客浴，动线重叠，整体空间的利用率提升。**3** 次卧衣橱以布帘取代门板，使空间的灰阶色泽显得柔和。**4** 主卧的通铺与厨房的架高地板接轨，窗前景观座柜兼收纳使用。

3

4

电视柜屏中央岛，孩子绕着跑

进入中庭，意味着离开工作岗位，回家。隔着一方天井，两个世界、两种生活。街屋的后门作为进出住宅的玄关，使住宅生活空间完整。玄关开口接续厨房通道，串联两间卧房、客浴，犹如一条公共廊道，既是厨区也是动线的设计，动线重叠带来高效使用的零走道效果。

长形街屋的最后一根柱子，落在客餐厅、厨房之间，空间的完整性因此被分隔，影响空间的使用效率。那么，柱子该不该被隐藏遮饰呢？在这里，从尊重空间的角度出发，以柱子为基础，发展成电视墙设计，并横向整合厨房电器柜，形成一件多功能使用的柜屏，不及顶、不靠边。生活空间也跟着柱子流动，让前后空间连接、延伸。

空间的流动性好不好，孩子们最清楚了。无论是绕着电视墙转，或是从客餐厅、穿越中庭至房子最前端，都是畅通无阻的直行、环行路线，是孩子们玩耍的居家跑道。

空间改造
计划

长形街屋为住办合一空间，因使用属性不同，产生了前后区不同的入口设计，一为斜坡连接转折动线设计，一为玄关、厨房走道重叠设计。还原街屋中段原有的天井条件，化解中段区域无采光、无透风的问题。天井中庭通过玻璃窗、折叠门设计，与相邻的三个空间共享景观、采光，也发挥1倍变2倍的空间效果。

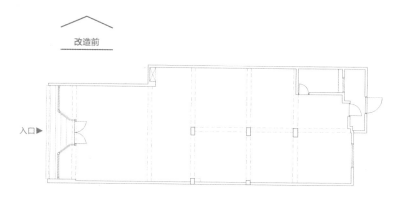

改造前

入口▶

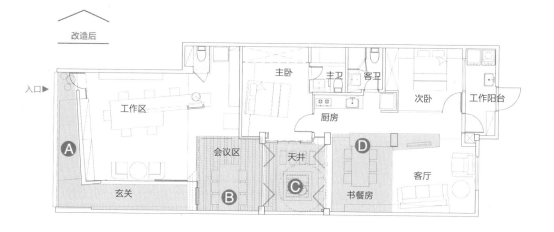

改造后

入口▶

工作区

主卧

主卫 客卫

次卧

工作阳台

厨房

A

会议区

天井

D

玄关

B

C

书餐房

客厅

格局调整清单

Ⓐ **入口** —— 斜坡与转折动线，连接作品走廊。

Ⓑ **会议区** —— 以架高地板方式呈现，与工作区分隔。

Ⓒ **天井庭园** —— 利用折叠门、玻璃窗，供3区共赏。

Ⓓ **书餐房** —— 以柱子为基础，整合电视墙、电器柜。

创造空间多层次

斜坡与作品走廊，转折动线

街屋的入口斜坡，转折后与展示廊道接轨，不论是斜坡或长廊，都创造了视点不断游移，造就空间的多层次，带来扩大空间的效果。

多功能动线，流动化空间

街屋的后半部作为私人住宅，屋后入口位于玄关换鞋处的后面。玄关开口连接厨房，厨房工作动线既是玄关过道，也是公共廊道。另外，以落在客餐厅、厨房之间的柱子为基础，整合出电视墙和厨房电器柜，并形成一道环形动线，化零为整，让空间畅通无阻。

以折门创造通透延展的绿光空间

天井中庭对于屋后住宅区来说，犹如独栋建筑的前院，跨越两阶门槛，进入家人生活的起居空间。中庭与私人生活空间以两扇折叠门为界，可开可闭的通透玻璃，让光、风、雨、绿自天井引入。

架高设计

以高低差分工分区

位于长屋前的会议区采用架高地板设置，木桌可拆开，化为木地板的一部分，与工作区形成视觉的差异性与延伸性，产生空间扩大的效果。天井中庭犹如会议区的后院，天井洒下的片片暖光和水景植栽涌现的自然生气，舒缓讨论议程的高亢情绪。

收纳空间与阅读平台二合一

主卧位于长屋中段，架高地板的通铺与厨房区接续，落地窗前设置座柜，将户外平台移至室内，产生空间越界的效果，座柜下方又能规划收纳空间。推开玻璃窗，座柜变身阅读平台，近距离感受中庭的温度、湿度。

3

家具就是最好的隔间

只要一张桌子，满足一天的生活日常！

空间整合手法

善用拉门
柜墙的拉门同时也可转成主卧墙屏。

一物多用
长形桌子＝书桌＋餐桌＋化妆台＋主隔间＋沙发靠背。

架高设计
架高地板区隔空间，也延伸成客厅椅座。

暧昧的越界
玻璃隔间带来通透开阔的视野。

♠ 一张桌子，可以是沙发的靠背，可以是家人用餐的餐桌，可以是书房阅读的开卷平台，可以是主卧化妆的梳妆台，更是架构这个家的中轴，一日生活的起承转合皆绕着桌子进行。

屋主任职于研究机构,拥有逾千本藏书。这间屋龄 40 年的市中心老房子,有不到 70 m² 的室内空间,被切割成两室两厅一卫、一储藏室的格局,看似功能完备的住宅格局,却有着阳光、空气不对流的常见问题。

实地丈量现场后发现,老屋虽然大隐于市,却拥有前后无遮挡的良好采光,这个优势在格局未变更前,是显现不出的。

一根柱子,发展成一张多功能桌子

以往的格局规划,习惯从房子的动线、功能做切入,或是从家的属性、氛围来处理,解决空间的使用需求。但是,这样的设计惯性思考,却在此宅彻底被推翻。

拆除旧隔间,打破了因柱子而封闭的昏暗格局,房子前后两排向阳面,为家注入满满阳光,在多雨的地区最是难能可贵的。空间顺着既有的十字梁与中心柱来设计,水平发展成一张长条桌子,来架构整个空间,犹如切豆腐般,形成一个"田字切"格局,食、住、育、乐等方面都获得提升。

一张桌子兼具餐桌、书桌、梳妆台等功能,同时也是分隔客厅、厨房的矮墙,是安置客厅沙发的稳定靠背,是架构、区隔生活空间的元件及视线焦点的中心。

1 架高木地板划分公私区域,地板也是待客椅座的一部分,书客房、客厅视野开阔。**2** 集成夹板屏风划分出玄关入口,与铁锈大门的自然质感呼应。

房屋状况	公寓、老房
家庭成员	夫妻
面　　积	56 m²
格　　局	客厅、餐厅、书房、卧房、厨房、卫浴
建　　材	夹板木、集成夹板、玻璃、金属
得奖纪录	2015 年中华创意设计奖"家居空间大奖"银奖、2016 年意大利 A'Design Award 室内空间住宅案银奖

1 书房加上百叶帘，保持主卧寝区私密性的同时，使公共空间一片清明舒朗。2 书墙柜门顺着天花的拉门轨道，可转折成一道活动墙屏。3 书房大通铺提供聚会的另外选择，架高木地板的床底下满足大容量的收纳使用需求。

移动柜墙拉门，大通铺一隔变两房

沿着中心柱子不仅衍生出一张桌子，架高木地板将室内分成两个不同高度，一为大通铺的主卧寝区、书房，另一则为公共空间。大通铺区地板下空间作为收纳仓储，是男主人个人藏书的专用书库，除了书房那面浩瀚书海墙景，通铺床底下还存放着数百本书籍。主卧寝区与书房采用通透的玻璃隔间、可移动式隔屏拉门，让四个单元空间既可独立、又可延续地交互运用。

平日，书房作为寝区的延伸，由通透玻璃、架高地板，向客厅区越界延伸。当有客人留宿时，滑开书柜的大拉门，一转一折间，成了主卧与书房的隔屏，大通铺一分为二，书房变客房，又能保持主卧寝区的私密性。

动线上的客餐厨，行进间的交流

随着老屋格局重整，许多原先被迫放弃的居家生活质感失而复得。方正屋子里，原搁置于角落的浴室也获得"加大"的机会。厨房外移，狭窄的浴室升级成泡澡间，让屋主在家也能享受泡澡的乐趣。餐厅加入多功能的桌子设计，厨房以开放空间形式与厅区整合。如此一来，由玄关至厨房的走道动线，纳进各个空间序列，让走道得以充分发挥串联作用。厨房、餐厅一气呵成，在厨房活动的家人能一边烹煮备餐，也能随时回应家人。

维系室内四区的一张桌子取材自木夹板，书柜拉门、入口屏风则采用集成材夹板，对应清水模墙的灰阶柱子、墙体，并留下具有岁月风化感的铁锈大门，形成不为装饰而装饰的居家风景。

1 从享用美味料理的餐桌向主卧延伸，成了梳妆台。**2** 主卧寝区位于空间角落，朴素简洁的衣柜，犹如一道宁静的风景。

空间改造计划

室内面积不足 70 m² 的小宅规划，以一张桌子作为格局分隔的初想，强调顺势而生的空间设计。由十字梁、中心柱子发展而成的桌体，随着落脚的位置而扮演梳妆台、书桌、餐桌等不同的角色，更取代传统隔间墙。

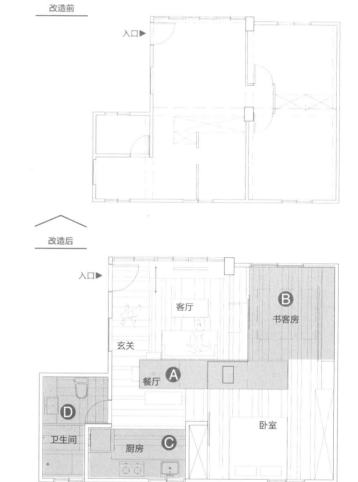

改造前

入口▶

改造后

入口▶

客厅

玄关

书客房 B

餐厅 A

卧室

卫生间 D

厨房 C

格局调整清单

Ⓐ **餐桌** —— 也是书桌 + 梳妆台的多功能组合。

Ⓑ **书客房** —— 架高地板向客厅延伸，成为椅座的一部分。

Ⓒ **厨房** —— 加大空间，并入厅区走道动线。

Ⓓ **卫浴区** —— 加大整合原来的小浴室、小厨房。

家具整合术

取代隔间墙、沙发背墙

原客餐厅以隔间柜将两空间区隔开来，造成室内光线昏暗。然而随着木长桌取代墙体之后，厅区的光便可无阻地穿透，具有拉长景深的作用。此外，长桌的设计还能满足屋主在家聚餐的需求，同时成为让沙发靠稳的背墙。以室内中心点的柱子发展成一张桌子，是餐桌，也是沙发靠背。

整合餐桌、书桌、梳妆台功能

顺应空间的十字梁与中柱结构，水平衍生成一道长桌，横跨书客房、主卧、客厅及餐厅，让家多了餐桌、书桌、梳妆台，提供可多人同时使用的方便性。在视线不断地延伸、流动中，眼前所见都是开阔的景象，破除小宅空间的压迫感。

架高设计、拉门隔间法

是柜门也是隔间门屏

书房的书柜门板刻意采用大拉门设计，且门板可顺着天花板轨道，滑出柜墙、转折，变成一面移动式隔墙。如此一来，则可弹性地将架高地板的卧室大通铺分隔成两房使用，满足书房兼客房的使用需求。

空间挪移

厨房外移加大浴室

调整在家用餐的空间安排，将角落边的小厨房外移，并入公共空间的走道动线，让餐厅、厨房两区的关系更为紧密。原厨房空间则纳入浴室规划，争取浴室加大的可能，小宅也能拥有在家泡澡的度假氛围。

4

廊道放大 2 倍，会动的隔间

向左走向右走！走动式屏风让家变游戏场

空间整合手法

移动设计
扩大走道，利用移动式屏风分隔空间。

模块收纳
书墙兼具脚踏车收纳架功能，以活动式层板满足各种物品收纳展示。

架高设计
书房架高木地板，延伸成为沙发座椅的一部分。

善用拉门
儿童房采用拉门隔间,既独立又可扩大使用区域。

● 对于家有幼儿的空间规划，要以不影响空间使用的舒适度为前提，并以教养孩子的概念为基础，让空间能随着孩子的成长做出应对。而看似浪费空间的扩大走道策略，加入移动式屏风元素之后，带来令人惊喜的效果。

1
2

3
4

四房里，有一间是书客房。这是男主人当初提出来的使用需求。此宅的原始格局是标准的四房组合，在这个基础架构下，和屋主讨论房子未来使用的方式，最后决定以无遮掩、开放、弹性利用空间作为设计主轴。另外，也希望满足空间不同的阶段性任务。

可调式收纳，脚踏车改变墙面风景

原始空间并没有玄关设置，因此以格栅序列结合穿鞋椅、吊柜，搭配六角砖地面，区隔出玄关换鞋区。大门旁畸零边区也裁切成餐厅收纳冰箱处与玄关衣帽间，构造一个完整的迎宾空间。

公共空间开阔明亮，餐厅并入开放式 L 形厨房中，烹煮、备餐、用餐、工作全在餐厨空间完成。客厅、书客房、玄关区看似独立，但视觉可以穿透书客房的玻璃间，使空间整体敞开延展。

另外，男主人指定的客厅沙发区，利用书房的架高地板向外延伸，顺势凹折成一个订制底座，沙发像是从书房的木地板"长"出来似的。至于阳台的设计，则通过实木地板由内向外延伸视野，可以观赏到窗外的庭园绿意。

"我有一辆单车，不知该放哪？"男主人提出另一项需求。"把脚踏车搬上墙面吧！"从这个想法出发，书房的书墙层架采用可调式设计，让曾经占据生命中一段美好时光的自行车，也能化为一面单车风景墙。

1 由玄关转入客厅、书房，是一片无压迫感的开阔区域。**2** 玄关与厅区透过入口区的格栅互动，穿鞋椅、衣帽间一应俱全。**3** 自动升降桌强化了书房的阅读使用功能，友人来访时，也可方便收起，平台化身客床使用。 **4** 书房木地板延展成沙发底座与支撑靠背，与公共空间交融。书墙层架采用可调式设计，将脚踏车放在墙面上满足收纳与装饰。

房屋状况	大楼、新房
家庭成员	夫妻、2个小孩
面　积	155 m²
格　局	玄关、衣帽间、客厅、餐厅、厨房、主卧、儿童房、书房、3间卫浴、景观阳台
建　材	杉木、烤漆玻璃、百叶窗、实木地板、铁件、木纹水泥板、橡木
得奖纪录	2017 年日本 Good Design Award 入围、2017 年金点设计奖入围

1 走道扩大后，采用移动式屏风设计，作为客、餐厅之间的隔间使用。2 开放式厨房整合餐厅功能，冰箱的放置处则是由玄关的畸零边区扩展而来。

走道扩大 2 倍，打造孩子的涂鸦创作舞台

原始空间狭长形的走道连接了三间房，在避无可避的情况下，势必得在动线上做些调整，才有扩大空间的可能。我们采取的策略是，大胆地扩大走道！在不影响三房好用的前提下，压缩走道两端的三房空间，将原本仅容两人错身交会的 90 cm 宽走道，拓宽至 180 cm。主卧与走道以隔间柜作为界定，满足主卧、走道及客厅电器柜的三方收纳需求，电视墙一路从客厅转折至走道，形成 L 形转角立体风景，使空间更具延伸张力。

加大走道也给了加入移动式屏风的机会，等同于制造一个"无中生有"的趣味。移动式屏风将走道一分为二，提供展示、留言板的功能，孩子们可以绕着屏风玩耍、随手涂鸦创作，成为家的双动线艺廊。多功能屏风从走道向厅区滑移，用于区隔餐厅与客厅，而且不影响光影穿透，空间更加有趣。

3 4

1 主卧空间，局部墙体退缩，让出了一道 60 cm 深的隔间柜墙，满足主卧、走道、客厅电视柜的置物收纳。2 宽广的走道是儿童房的延伸，小朋友可以在这里玩耍、涂鸦创作等。两间房以拉门为区隔，为日后切割成独立的两房预留伏笔。3 主卧整合更衣间、浴室，并利用床头后方的走道开辟梳妆台、阅读区。4 儿童房以白色为基调，七彩的百叶柜门为空间增添活泼感。

陪孩子睡的大通铺，隐藏着双房潜力

一直认为"孩子应该从小就在自己的房间睡"。如此的话，亲子空间该如何安排呢？通铺设计是很好的解决方案。两间儿童房以拉门为区隔，不仅可以连通成一间大游戏室，通铺设计也方便爸爸妈妈陪着小孩入睡，就近照顾。滑开拉门，儿童房合并成一个超大游戏区；随着孩子们长大，需要各自的独立空间时，拉门便是独立两房的隔间墙。

在确保 3+1 房的格局下，刻意将走道加宽，形成双动线艺廊，同时满足各个区域的收纳需求。儿童房规划充分考虑了孩子从出生到独立的发展历程，纳入大人陪伴入睡的方便性。两间儿童房采用通铺设计，大拉门为日后还原成两间独立的卧房预埋伏笔。

格局调整清单

Ⓐ **玄关** —— 隔屏整合穿鞋椅、吊柜，增设衣帽间。

Ⓑ **书客房** —— 满足阅读、留宿客人的需求，架高地板延伸成沙发底座。

Ⓒ **儿童房** —— 两房以拉门为区隔，采用通铺设计。

Ⓓ **走道** —— 加宽至约 180 cm，置入移动式屏风元素。

改造前

入口▲

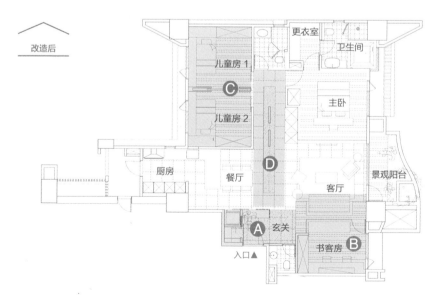

改造后

入口▲

更衣室
卫生间
儿童房 1
Ⓒ
主卧
儿童房 2
Ⓓ
厨房
餐厅
客厅
景观阳台
Ⓐ 玄关
书客房 Ⓑ

移动式概念

大人、小孩都爱的涂鸦留言板

移动式屏风设计分隔走道，形成一个环绕式
动线，也是全家人都爱的活动展示墙、留言板、
涂鸦场所。屏风随着天花板的滑轨向厅区移
动，又是客厅、餐厨区的主题墙。

活化畸零角落

玄关畸零角落增加衣帽间

原无玄关设置，利用隔屏、六角砖地面划分出玄关范围，透过隔屏，在厅区的家人也能注意到玄关动静。大门入口旁的角落区分配给餐厅、玄关使用，用于放置冰箱、增设衣帽间。

主卧床头后设立小阅读区

主卧整合更衣间、卫浴间，并将床居中摆放，床头后方近 70 cm 的走
道空间，转化为化妆台、阅读区的宁静角落。

模块化收纳

书墙收纳主题千变万化

书房兼客房使用，采用架高地板、电动升降桌设计，且紧靠着墙的桌板可随手拿起，让双脚可舒适地放下。书墙的层板架为可调式，随着收纳物品的调整，男主人的脚踏车也能跃上书墙，成为公共空间的焦点。

两间儿童房可合、可分

相邻的两间儿童房以拉门为界，大通铺设计一方面可让家长陪伴孩子入睡、游戏玩耍，也可让孩子从小就习惯有自己的房间。孩子渐渐长大后，只要关闭两间房之间的拉门，便形成完全独立的卧寝空间。

5

Z轴设计，家的走道归零

抢救奇怪格局！
解决一进门就要走很久的问题

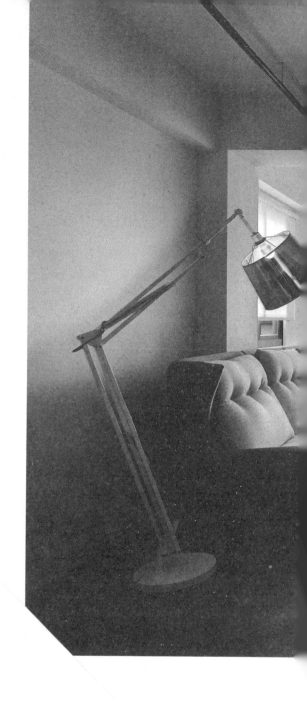

空间整合手法

动线重叠
厨房通道也是公共走道。

善用拉门
以拉门创造空间变大的视觉效果。

一室两用
和室是游戏室、寝区，日夜角色不同。

善用畸零空间
将玄关的角落空间转为好用的储藏室。

◆ 从玄关至主卧，随着空间展开，共经历了 3 道转折，形成一个极为特殊的 Z 轴式动线。餐厅、书房、卧室的 3 个转折空间，轴与轴的交会，成为家中最有趣、最美丽的中转与场景，生活收纳也因为畸零角落的重新规划而变得更便利。

1 舍一房，换来书房、游戏区和客厅的开阔区域。**2** 阳光从孩子卧室、客厅到书房，深入室内，带来空间变大的视觉效果。**3** 厨房借由玻璃拉门避免油烟向书房、客厅外散。

打开大门，总是要走很远才能进入房间。任职于外企的屋主买下的这间位于市中心的老屋，拥有奇特的先天格局。由大门入口至卧房的动线冗长、迂回，而且原格局在室内形成多处内凹地带和一些闲置、不好用的棱棱角角。

离开边区，厨房走道一体两用

比方说，洗、切、煮一体的简易厨房就缩在玄关过道一旁，餐厅落在玄关转进卧房的动线上，走进走出，绕着餐桌总是不方便。规划平面时，室内空间的第一个转折区，兼具玄关、餐厅及厨房功能，有没有可能让走道动线看不见呢？！

让动线重叠，继而变成空间的一部分。以玄关过道的结构柱体为基础，发展成一面柜墙。此外，玄关鞋柜、原小厨房外移后，腾出逾 3 m² 的狭长空间，部分作为储藏室，紧邻的玄关区，除了保有鞋柜收纳功能外，也隔着铁件格栅，导引内外空间的光与风，穿梭流动。

厨房取代餐厅，成为进出动线的中心，厨房的操作动线便是公共走道的动线，走道重叠效应下，创造了无浪费走道的局面。厨房侧墙结合黑板墙功能，不但延伸了玄关过道，也成为家人进出家门时互相提醒的留言角落。另外，借由玻璃拉门避免油烟向书房、客厅外散，让在家享用美食的聚会，也能像是置身高级餐厅般优雅，取代传统以客厅作为招待客人的场所的做法。

房屋状况	公寓、老房
家庭成员	夫妻、1个小孩
面　　积	99 m²
格　　局	玄关、客厅、餐厅、厨房、书房、主卧、儿童房（和室）、双卫浴、储藏室
建　　材	玻璃、黑板漆、铁件、木地板、木作

拉门设置，增强空间开阔感

非烹煮备餐时刻，厨房的前后两端开启，让来自储藏室、餐厅采光面的气流贯穿屋子，只是紧接着厨房的书房，等同于在这蜿蜒 Z 轴式空间的最深处，唯一的对外窗是风口。何来采光？

借光，势在必行。餐厨区是待客的服务空间，保留两房配置，舍一房，换取大人、小孩都可使用的书房兼游戏室，也作为阅读与用餐的空间，让男主人在家工作时，也能陪伴着家人。客厅是家庭聚会的私密空间，连接前后的儿童房、书房。

基于采光考虑，在位于采光面的儿童房处设置拉门。白天将拉门收拢于单侧，屋外阳光从架高多功能平台、客厅到书区，无遮的全视野，沿着采光面一路延伸，开出一条采光动线，带来空间的开阔感。

把阳光区留给卧室吧！

最好的采光、通风，留给卧室，有助于提升睡眠质量。儿童房不仅是客厅、书房的重要光源，且采用四道拉门及架高平台的多功能处理方式，晚上作为孩子休息的寝区，白天收起拉门，就是孩子的游戏空间。架高地板下也是居家不可或缺的储物区；须留宿访客时，通铺设计又能适时地发挥客房的作用，让都市型住宅的空间运用更具弹性。

主卧简单舒适，利用梁下空间规划收纳橱柜，修饰柱子视觉。橱柜深度与主卧卫浴洗手台设置于同一水平视线上，制造既延伸又阻绝的延长感，开阔视野，增添无限想象。

1 厨房侧墙贴覆黑板墙，延伸玄关过道，温暖的叮咛随手写上。2 重新整理后阳台入口的闲置区，规划为餐厅。

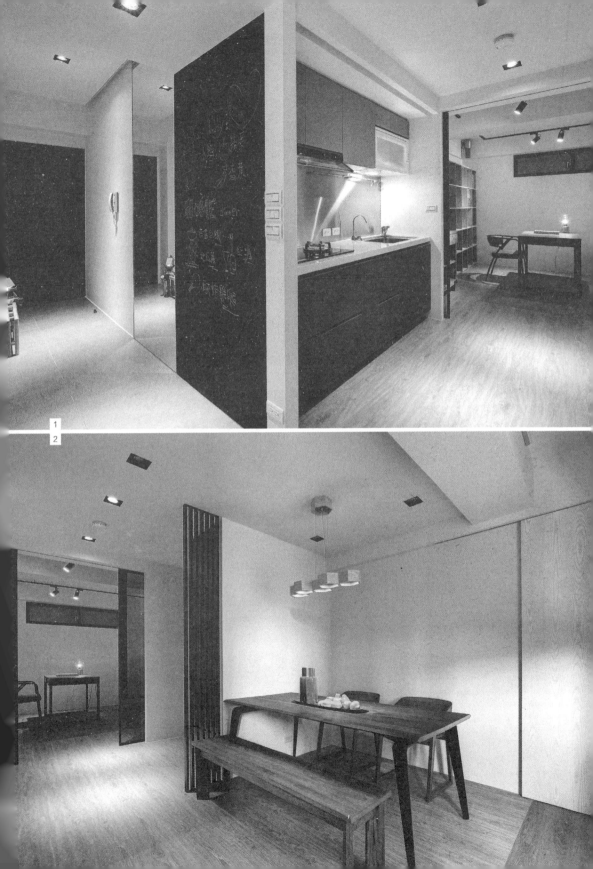

1
2

1

2

1 儿童房以和室面貌呈现，兼具游戏区功能，架高木地板下则供收纳使用。2 儿童房兼客房使用，空间运用更具弹性。3 拉上和室门板，夜间则成了孩子的卧寝区。 4 主卧梁下空间规划收纳橱柜，修饰柱子。5 主卧橱柜与浴室洗手台连接，灰色的浴室底墙，制造出既延伸又阻绝的延长感。

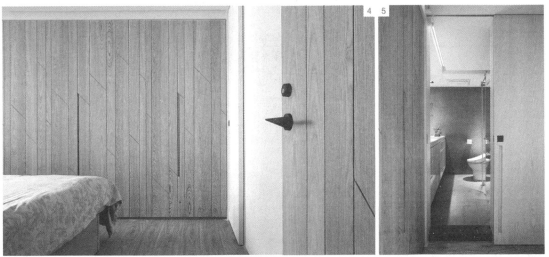

空间改造计划

房子先天格局是很奇特的多转折空间，一折一个区块，加上因梁柱在室内形成大大小小的内凹角落，闲置未用，非常可惜。重新思考"走道"在空间中的作用，让畸零角落为生活空间做出贡献，小兵也能立大功。

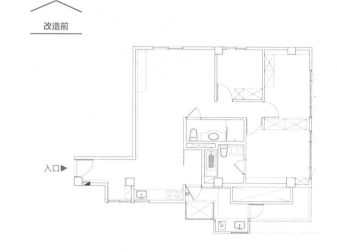

改造前

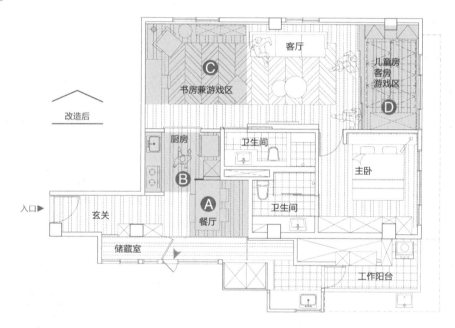

改造后

入口▶

格局调整清单

Ⓐ **餐厅** —— 利用后阳台入口的闲置区域做空间扩充。

Ⓑ **厨房** —— 公共走道与厨房的走道动线重叠。

Ⓒ **书房** —— 与厨房隔着拉门，隔绝油烟，也延伸视野。

Ⓓ **和室** —— 客厅、厨房重要的光线来源，创造开阔的视觉感。

视觉空间变大

拆除两道隔间的多重效果

考虑到小家庭的使用、房子的采光来源，维持基本的两房配置，舍一房，满足男主人所需的书房设计。另外，儿童房以和室面貌呈现，让来自和室的光线，提高客厅、书房的明亮度，创造空间变大的视觉效果。

扩大餐厅，令人一进入就感到温馨

工作阳台入口的内凹地带，改为餐厅，加上原厨房外移，让小餐厅焕然一新。不论是家庭聚会，还是孩子在家温习作业，都是在大门入口就可以看到的温馨画面。

角落理一理，玄关收纳空间足！

玄关入口右侧的畸零角落，原作为鞋柜收纳区。调整全屋格局后，打通原鞋柜、原厨房的这一段狭长区域，加大采光窗，并一分为二，后段是餐厅，前段空间则成为实用的储藏室。

走道一体两用

公共、厨房走道双效合一

原厨房位于玄关旁的畸零地带，冰箱等厨房必备的收纳设备无法放置。调整格局时，将厨房与餐厅位置互调，厨房过道也是往来的公共走道，并以拉门设计避免厨房油烟外散至客厅、书房及睡眠区。

6

两千本书、无衣柜，专室专用收纳

挑高客厅、小厨房、窄房间！
解决家很高却狭小的困扰

空间整合手法

畸零空间
梯下空间规划小储物间，居家收纳多 3 m²。
化零为整
折线天花板修饰因梁柱而中断的天花顶。
垂直心机
书墙贯穿两个楼层，突显屋高及空间一体感。
岛状动线
以餐吧台为中心岛，构成环形路径。

◆ 整合餐厨区，打开厅区的宽阔视野，而设置更衣室则解决了祖孙三代的三间房里没有衣橱的难题。日常不可或缺的需求满足了，原本的小厨房、小餐厅等造成的狭小感消失了，挑高空间顿时放大了。

这是第二次与屋主合作，这次她选择的是郊区的高楼层房子，交通便利，景色宜人，空气新鲜，最适合老伴调养身体了。

房子的原始格局是，1楼作为公共空间，规划三房，楼上则为独立的主卧楼层。四房格局虽然符合屋主三代同堂的使用需求，但也因为多房的切割，导致各个房间狭窄，以及形成小餐厅、小厨房的局面。

走进走出，绕着餐厨区最快

考虑到三代同堂的使用情况，同时为改善房间狭窄感，将格局做了微调变动。1楼保留双房，但房内设置床组后，若再加入衣橱，空间看起来更小，屋主一家人决定舍弃衣橱，将一房改为公共更衣室。

大家看得到，可同时取用衣物。专室专用的收纳计划，取消夹在主卧房、孙女房之间的10 m²的小房间，采用架高地板设计，兼具更衣、储藏功能。面向大露台的孙女房也向更衣间退缩，解决房内景深过浅的问题，同时让睡眠质量更佳。

原本紧缩在角落处的独立式厨房，打开封闭的墙壁，结合家庭聚会用餐的需求，以开放式一字形厨房与中岛餐厨桌的方式出现，面向客厅开启，丰富了家人的居家生活面貌。家作为休养身心的地方，在设计时需要的是更有层次的表现。长桌不仅是家庭聚会的场所，也是亲子共读，乃至一个人思考、调节心情的轻松角落。

3米长的不锈钢餐台在公共空间里犹如一座岛屿般存在，厨房一跃成为这个家的中心。餐厨桌采用不靠墙设计，两侧各开出一条走道，右向转进主卧房，左侧通往更衣室、孙女房，进出房子内外都是最短路径，眼睛看到的都是一片宽阔的景象。

1 不设电视的客厅，以挑高书墙为伴，让人可以静心阅读。**2** 阶梯与屋顶的自由折线表现，与远处山景产生呼应。**3** 空桥连接室内外景致，也方便取用书墙上半部的书籍。

挑高书墙，联结内外景致

客厅里不设电视，这是一开始进行平面格局沟通时即取得的共识，把空间主角让给绿与光，空间里最美的是人、景，山峦景致透过景观窗向室内放送，传递蓬勃生气。挑高书墙取代电视的设置，成为客厅的主墙，放置屋主数量庞大的藏书，将整个公共空间包覆在静谧的书香氛围里。

配合取放书墙上半部的书籍，楼上区域的空桥，连接室内外景致。贯穿两个楼层的书墙设计，源于"以山为邻"的概念，柜体立面呈现曲折、不规则的起伏韵律，表现有如棱线般的山云折线，山与云、柜与屋顶对比，与自然产生呼应。

房屋状况　大楼、新房
家庭成员　老人、女儿、孙女
面　　积　250 m²
格　　局　1楼：玄关、客厅、餐厨区、2间卧室、2间卫浴、更衣室、2间储藏室、3处露台；
　　　　　　2楼：卧房、书房、起居区、客浴
建　　材　木作、木地板、玻璃、金属
得奖纪录　2017年中国APDC亚太室内设计佳作

1 厨房并入餐厅，以开放式餐厨区呈现，一字橱柜的右侧为主卧入口。**2** 餐厨区是空间枢纽、家人生活的重心，走进走出全绕着长桌进行。**3** 楼上区域约30 m²，包含女儿房、起居区、书房与客用浴室。

楼上套间格局，一拆为四

楼上区域约 $30 \ m^2$，具备一间套房使用的潜能。在新的方案里，选择打破套间架构，将此区拆成 3 个区块，包括独立女儿房、起居区、书房，并将浴室改为客用，与外围的空桥连接，让阅读充满家的任何角落。

沙发背倚靠书墙，面向餐厨区，抬头仰视拥有一片挑高视野，不论是客餐厅或上下楼，家人之间的对话，全然不受阻隔。在窗外绿光映照下，人的身心得以放松。

1 起居区、书房与外围的空桥连接，让阅读无所不在。**2** 主卧浴间配置浴池，铺上板条，摇身一变为淋浴间。**3** 舍弃小房，改造为全家共享的更衣室。

空间改造
计划

虽然卧室已无设置衣橱的地方，不过室内的畸零角落却可以适时提供助力，加上一间小房的用途变更，弥补了卧室零收纳的缺点。至于两千余本书籍，以书墙作收纳、展示，化为居家的一抹书卷风景，又有修饰梁柱的妙用。

改造前

格局调整清单

Ⓐ **餐厨区** —— 原小厨房打掉，并入餐厅区。

Ⓑ **更衣室** —— 舍一小房来打造，扩大相邻的孙女房。

Ⓒ **书墙** —— 利用梁柱内凹空间，规划两层楼高书墙。

Ⓓ **起居书房** —— 重新分割楼上大套间，并与空桥书廊连接，让书卷气息无处不在。

1F

入口▲

2F

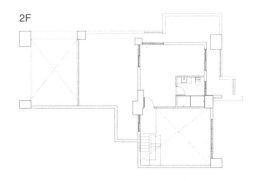

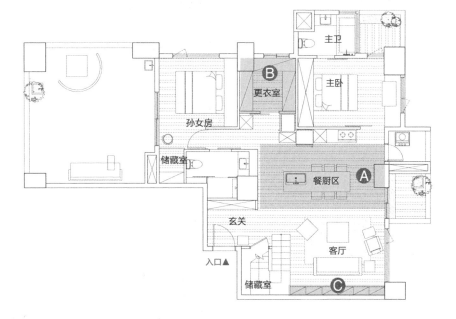

1F

2F

梯下空间，小区域大作用

传统上，梯下空间通常作为客浴使用，空间小而闷，使用起来并不方便。但事实上，楼梯间是归属于楼梯动线的附加物，空间虽小，也有 1.5 ~ 3 m^2 的可用区，加上位置邻近大门入口，改为储藏室，方便取放大件行李箱、扫除工具。

闲置畸零角落，动起来！

主卧、孙女房里，同样存在着不好利用的畸零角落。例如，主卧因大梁结构衍生而来的内凹地带，则改为窗前卧铺、休憩、赏景皆舒适；孙女房的落地窗旁，因客浴裁切后，余下约 1.5 m^2 的角区，于是改为独立储藏室。

一间更衣室，三间房的衣橱

原四房配置，当中有一间小房仅 10 m^2，一般用作和室。然而，三房空间狭小，若再加入衣橱，空间的压迫感将更为明显。为了改善卧室收纳的不足，将小房改为更衣室兼储藏室，取放都方便。

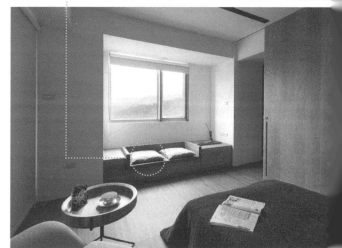

垂直面运用

1 倍变 2 倍，书墙图书馆化

屋主拥有丰富的藏书，于是利用客厅的垂直面来处理。高楼层房子的梁柱宽厚，形成一处深约 60 cm 的内凹地带，设计成挑高书墙，等同于两面书墙的容纳量。搭配楼上的天桥设计，呼应起伏的立面，犹如一座美丽的私人图书馆。

梁柱隐形化

折线天花，化解梁线切割空间感

挑高客厅的折线天花板以对比色，构成一深一浅的不规则板块，呼应书墙立面、远方山的棱线，将梁线、照明包覆其中，让空间更具整体感。同样地，楼下的餐厨区，利用 ∏ 形门拱的黑白跳色处理，连接左右两端的柱身，框出一幅宁静的居家画面。

7

加宽房门、餐桌借道，创造沿途好风景

长形屋的逆向思考！走道加长，家反而更大更好

空间整合手法

偷空间
走道向书房局部退约 90 cm，争取更大的储物区。

架高设计
充分利用架高地板下的空间作为收纳使用。

弹性规划
书房设计预留未来变更为第二间儿童房的弹性。

岛状动线
主卧以床头柜屏为中心，形成岛状动线。

●房子是长形屋格局，因为向阳面的封闭式三房，导致走道另一侧产生暗
　房效应。设计时，利用加大引光的开口，以书桌取代隔间、拉长走道，
　以及主卧的岛状动线，将长形屋设计成走动格局，展现在眼前的每一段
　风景皆耐人寻味。

屋主是从事建筑、室内、景观设计的设计师，喜欢亲近大自然、热爱旅行，新居设计除了承载屋主一家四口的日常使用，也体现了家人对生活质量的重视态度。房子原为三房两厅双卫格局，长形屋加上单面采光、封闭隔间，导致室内十分昏暗。

加大采光口，拉长空间景深

设计时，选择从长形屋特有的长走道作为突破点，将书房、儿童房的开口，分别加大至 1.4 m、1.3 m，搭配犹如一道移动墙壁般的宽拉门，让自然光线能最大幅度地洒入室内。

拆除书房与客厅的封闭式隔间，改以长书桌代替，既满足书房区的阅读使用，又使客厅端的沙发有了安定背墙。书桌的墙屏设计，让客厅、书房得以分享彼此的采光、景深，而极具个性的电视墙也成为书房墙景。

考虑到屋主对大自然的喜爱，选材时倾向自然材，如有节理的实木地板、褐色手染 OSB 板的拼贴天花板等，甚至使用铁皮屋用料的镀锌波纹板来诠释客厅主墙。向来与渔港画上等号的麻绳，同样为此宅注入自然气息。银色钢波纹板电视墙延伸至玄关，整合鞋柜、平台设计，麻绳与铁件的玄关屏风意象，导引玄关动线，强化大门入口与厅区的互动。

1 客厅陈设自然而舒适，实木茶几搭配布皮混搭的手工沙发，展现主人的好客与对生活质感的重视。**2** 绳屏犹如一件装置艺术，区隔玄关内外，又强化空间连通。银色钢浪板电视墙则兼作鞋柜、平台。

房屋状况　电梯大楼、新房
家庭成员　夫妻、2个小孩
面　　积　132 m²
格　　局　玄关、客厅、餐厅、书房、主卧、儿童房、2间卫浴、厨房、储藏室、景观阳台、工作阳台
建　　材　橡木、胡桃木、OSB 板、铁件、石板、麻绳
得奖纪录　2017 年中国 APDC 亚太室内设计佳作

加长走道是浪费空间？

不同于一般对于长走道的缩短处理，在这里，反而是采取"走道再加长"的逆向操作。与其设法改变长条动线，不如让走道变有趣，并赋予更多实用性。公共走道的尽头，远远地落在主卧衣柜背墙，犹如一条隐性轴线，搭配两种地板的有形轴线，支配着整个空间。将餐厨、浴室、阳台等服务性单元，以及客厅、书房、卧室等生活起居单元区分开来，彼此又因走道而紧紧串联。

在开放式餐厨空间里，实木长桌与厨房设备接续，兼作厨房台面使用，在某些时刻又摇身一变成为亲子陪读书桌。餐厨区对面的书房、儿童房，不分昼夜，为来往走道提供温暖光亮。

预留书房未来变更的可能

仔细考量书房空间，即使分出部分作其他用途也无妨，于是决定在转角区置入犹如城堡般的圆柱储物空间，增加厅区收纳，也增加室内风景。架高两阶的书房，满足偶尔留客人小住、休憩、影片分享等使用需求。日后，待小孩进入学龄阶段，书房的书桌区架上玻璃、装置帘幕，书房便是第二间儿童房。

离开公共厅区，走道直入主卧，最终汇入主卧衣柜的灰石板背墙，连带地让玄关的绳屏与主卧的手作麻绳天花顶，一前一后呼应。

1

1 公共走道、两种地材，将空间分隔成两种属性不同的空间。**2** 开放式厨房结合中岛餐桌，天井式照明犹如天光洒下，柔和用餐氛围。**3** 书房架高两阶，地板下是实用的收纳空间，开口加大至 1.4 m，导引光线入室。

2 3

以床头柜屏为中心，切分五区

主卧面积大，不妨以床作为空间中心。主卧床背后的床头柜采用不及顶设计，兼作工作阅读平台、日常衣物的收纳柜，在床头后方切出走道式更衣区，往前则是化妆台、浴室入口的衣柜。主卧动线因为床头的不及顶柜屏而形成岛状循环。

结合床区及床头柜的 T 形配置，加上四通八达的岛形动线，在主卧空间坐或卧均可，多了丰富与弹性，在动静之间，内外风景皆美。

1 沿着两种地材的中界线，走道动线从玄关屏风，直到主卧衣柜墙面。**2** 主卧的天花绳结带来自然野趣，呼应玄关的绳屏意象。 **3** 主卧床头柜屏整合多重功能，切出更衣区过道。**4** 儿童房衣橱顶及天花顶，与书房 100 cm 以上的宽拉门形成连续的暖色板块折面。**5** 儿童房架高地板，卧铺底板下为一格一格的抽屉。

空间改造计划

受限于房子先天的单向采光、封闭式隔间，室内显得沉闷，使得中面积住宅应有的空间感无法展露。借由穿透式设计、以桌取代墙的界定，搭配加大开口的处理，引光进入并还原空间应有的尺度，并就现有的书房、主卧条件，提高其居家收纳方便性。

改造前

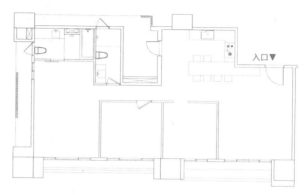

改造后

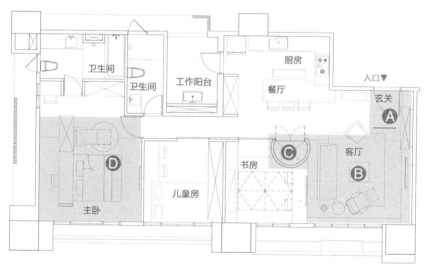

格局调整清单

Ⓐ **玄关** —— 以麻绳与铁件组构隔屏，整合玄关内外。

Ⓑ **客厅** —— 与书房之间隔着书桌，延展空间景深。

Ⓒ **储藏室** —— 截取走道转角空间，把城堡意象融入空间之中。

Ⓓ **主卧** —— 以床头柜隔出更衣区走道。

材质的视觉效果

麻绳隔屏，区隔玄关过道

原格局里，玄关、客厅之间是一片通透区域，设计时，利用麻绳结合铁件架构屏风，整合玄关内外，导引进入室内的动线。视线却又越过隔屏线条，与客厅对话，并回应空间轴线，整个空间具有流动的线性美感。

天花板绳结，突显主卧屋高

公共走道的两个端点，分别落在玄关、主卧。延续玄关的麻绳隔屏意象，将麻绳结合铁件的元素，转化为主卧的天花板绳结，带来天花板视觉的穿透、延伸感，展现温度的对比，也为生活增添野趣。

低隔间的妙用

书桌也是沙发背墙

客厅后方的书房区，以书桌矮墙取代密封式隔间，一来提供设置沙发的背靠；另一方面，客厅、书房两区也能彼此分享采光，延展空间景深，让客厅成为书房的延伸。

争取收纳专区

柱塔式储物区，兼作厅区收纳

考虑到书房的空间足够，即使截取部分另作他用，也不影响书房的舒适度。在客厅与走道的转角处，向书房内凹一个约 1.5 m² 的区域，并以城堡式的柱塔造型塑造公共空间里的景观，为厅区争取专用储物区。

主卧柜屏，隔出走道更衣区

主卧套间将近 33 m²，为一长形空间。床组居中摆放，床头柜采用不及顶设计，提高前后两区的互动，框景式柜屏整合阅读桌、衣橱功能，同时也切出一条 80 cm 宽的过道，形成走道更衣区。

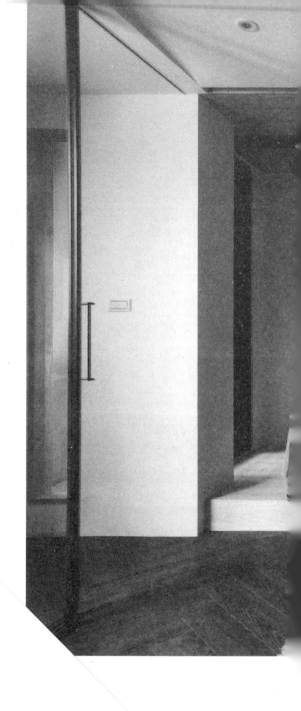

8

走道式餐厅，收纳地下化

告别零收纳、无餐桌，小两口的双轴之家

空间整合手法

动线重叠
双动线＋两轴线设计＝小家走动超顺畅。

一物多用
大长桌＝书桌＋餐桌＋沙发背靠。

善用拉门
运用玻璃拉门，客厅、厨房使用独立，视觉一体。

隐形收纳
重新设定各区收纳计划，走到哪儿收到哪儿。

● 在双轴概念基础下，巧妙利用走道空间、穿透设计等争取书餐桌的设置、
晾晒空间，以及各区实用的收纳设计，协助忙碌的屋主告别混杂失控的
小宅生活，悠闲地享受二人空间。

对于这间已生活多年的小宅，工作忙碌的夫妻俩并没有太多时间、精力来收拾。书籍、过季衣物、备用物品等日积月累，一袋袋堆垒，散落盘踞在整个生活空间里，物满为患。原格局配置为两室一厅一卫和一个大玄关，如何通过空间改造还原空间样貌，让失控的生活秩序回归正轨？

走道上的长桌，补足无餐厅的遗憾

一进门，玻璃格屏修正原玄关过大的比例，引领视线穿透，半遮掩地带出公共厅区的静谧明亮感。玄关收纳柜墙连接电视墙，一路向屋后延展，最终与厨房电器柜接续，既便于三区的收纳使用，同时也修饰结构柱子的突兀感。

1 电视柜墙连接厨房、玄关，修饰结构柱。
2 玄关的玻璃格屏设计让视线穿透，望见一室静谧。

房屋状况	公寓、老房
家庭成员	夫妻
面　　积	56 m²
格　　局	玄关、客厅、餐厅、书房、卧房、 厨房、卫浴
建　　材	夹板木、集成夹板、玻璃、铁件

室内空间方正，一根柱子恰好落在中心点位置，即从厅区转往寝区的过道上。顺着空间结构，利用柱子衍生长桌设计，让餐厅功能以过道餐桌呈现，附属于动线上。不仅为屋主争取在家处理公务、聚餐的便利台面，提供沙发区的稳定靠背，也是空间东西横向的视觉轴线中心。

顺应空间基地的 L 形向阳面，导引出两条轴线，一为生活轴线，另一为视线轴线。贯穿室内的东西向轴线，三段不同高度的地面规划，将空间划分为客厅、走道区、和室，并引导视线穿透三区，构成一条笔直的视线主轴。南北向的使用轴线沿着公共走道开展，串联各项日常起居活动，将生活区域分隔为公、私两区。

还原阳台功能，晒晾衣空间不能少

在室内面积小的情况下，一般会希望阳台也能成为辅助空间，即便是牺牲阳台原功能也在所不惜，如将阳台改为厨房。但在这里，屋后阳台为房子的采光面之一，最终选择还原阳台功能，让阳台区回归晾衣、晒被的日常使用功能。因此，撤除原阳台式厨房规划，将厨房往室内移，以玻璃屋形式与客厅分享采光、提升两区的互动，扩大公共区域的开阔感。简约厨房成为使用轴线上的端点，也是一道美丽的生活风景。

1 走道式书餐桌让餐厅功能附属在动线上。**2** 书餐桌横向延伸至主卧，拉长空间景深。

1 厨房从阳台内移后，与客厅等公共空间的互动性大幅提升。**2** 敞开和室空间，走道与客厅得以分享来自和室的采光。**3** 共享浴间的设计。浴室有两个进出口，一个面向主卧，一个面向公共空间。**4** 主卧空间往和室后退，解决原先只能从衣橱、床之间取舍的难题。

4

微调空间，整顿生活收纳秩序

原两房设置改为一和室、一卧房。和室兼客房使用，平日敞开拉门，和室变成厅区一部分，客厅、走道区得以分享来自和室的采光。另外，架高的地板分隔成四大收纳格，将较大件的家居用品收纳地下化。

主卧作为室内唯一卧房，却面临空间景深不足，衣橱、床只能二选一的难题。调整格局时，将主卧往和室推移 60 cm，腾出大衣橱的空间，满足主卧收纳的使用。更动客浴的开门位置，改为可由主卧、玄关进出的双开口设计。当浴室两入口完全开启时，形成一道视觉与使用动线重叠的轴线，破除单一空间的封闭形态，便利的环状动线，使家人得以尽情地享受居家美好时光。

空间改造计划

当走道附加其他功能后，走道就不再只是行走的过渡区域。本案以结构柱子发展长桌切入，诠释走道在居家中的地位，且顺应空间基地的 L 形向阳面，导引出两条轴线的概念，即使用轴线、视线轴线，双轴或交会或重叠，重新整理空间与空间的关系，提高空间利用率。

格局调整清单

Ⓐ **浴室** —— 双动线设计，主卧浴兼客浴。

Ⓑ **厨房** —— 从阳台移进室内，以通透玻璃，类似开放式厨房面貌呈现。

Ⓒ **餐厅区** —— 利用走道动线获取书餐桌的设置。

Ⓓ **主卧** —— 向和室推移一个柜子的深度。

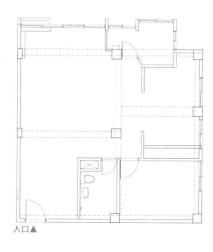

改造前

入口▲

改造后

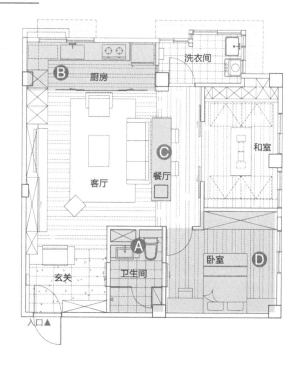

双轴线概念

架高木地板与客厅分隔

从客厅至和室做了两段式的地板架高
处理，客厅、走道、和室拥有 3 种不
同的垂直高度，自然形成空间的分隔。
当和室拉门敞开后，屋外采光穿越走
道、直达客厅，视线自由穿梭，空间
开阔无压。

从柱子衍生的多功能桌

原格局中并没有餐厅，在家用餐只能
将就于客厅茶几上。重新规划格局时，
利用走道空间争取一个可多功能使用
的弹性空间，餐厅功能以过道餐桌方
式呈现，活泼的生活动线化解走道过
渡区的单一性。

双轴线概念

一间浴室，两个开口

将室内唯一的卫浴更改开口位置，改为双动线设计，让卫浴与玄关、主卧连接。非宴客时，卫浴仅面对主卧开启，让主卧拥有升级的豪华套间享受。使用时完全敞开，形成一道视线与使用动线重叠的轴线。

隐形收纳设计

各区"随手做收纳"设计

将厨房自阳台空间撤离，还原阳台的晾、晒衣物功能。厨房以玻璃屋形式与客厅连接，电器柜墙自厨房向外延伸，连接电视墙、玄关柜，为居家空间提供一道功能强大的收纳墙。

和室架高地板 收纳地下化

和室兼客房使用，平时敞开拉门，客厅、走道区得以分享来自和室的采光。另外，在收纳部分，除了收纳柜墙之外，架高的地板分隔成四大收纳格，将较大件的家居用品收纳地下化。

9

一字形吧台兼主墙、隔间

聚焦开放式厨房，
在家拥有米其林星级享受

空间整合手法

岛状动线
中岛设计采用双动线，形成分开但相通的路径。

柜墙整合
电视墙接续玄关柜，兼具展示收纳功能。

动线重叠
厨房走道是进出室内的过道之一。

善用畸零空间
梁下空间设计柜墙，淡化梁的存在感。

● 回应屋主的美食观点与爱好，以餐厨区作为焦点，让下厨、享用美食、
锅具收纳等，不再只是一件例行家务。从岛状平台开始，宾主分道前行
又汇合于一厅，一场关于味蕾的层次演绎，有滋有味，满齿留香。

房屋状况	公寓、新房
家庭成员	夫妻
面　积	106 m²
格　局	玄关、客厅、餐厅、厨房、3间卧室、2间卫浴、储藏室
建　材	深色栓木、杉木、漆、铁件、不锈钢、玻璃、石英砖、木地板、赛利石
得奖纪录	2017 年中国金外滩奖最佳居住空间奖优秀奖、2017 年中国 APDC 亚太室内设计佳作

屋主是一对热爱美食、享受下厨乐趣的饕客夫妻，俩人经常为了一饱各地的米其林餐厅飨宴，做足了功课，提前半年跨海预约，一年出国数次，累积了上百颗米其林星星的摘星纪录。

新居是典型的都市住宅，两大一小的三房两厅双卫格局，未来有生育计划，偶尔有"以食会客"的需求。另外，对于美食的热情，爱屋及乌，也体现在形形色色的锅具等收藏上，需要收藏陈列的功能，方便随时取用。

基于满足屋主对品味美食、下厨料理的需求，设计时拆掉了原三房中的小房，用以扩张厨房空间，原厨房位置则改为储藏室。用一房换开放式厨房，感觉上似乎是浪费，但浪费一房和所争取到理想的厨房，相较之下，却是值得的。

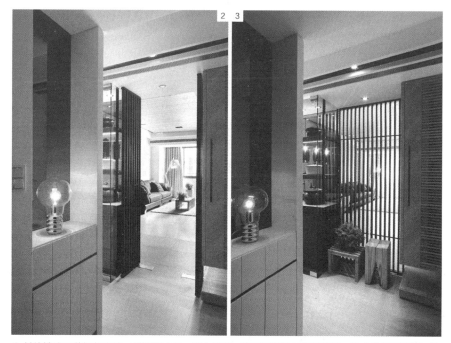

1 斜纹铺陈天花板与主墙，搭配暖木色、清水模墙，突显米其林风格的优雅。2 走道黑色格栅，导引从玄关进入客厅的动线。3 关上格栅门，成为主人或佣人为避免干扰，可直接进入厨房的服务性动线。

一字形平台，打开岛状动线的多重用途

开放式Π形厨房大幅提高备菜、料理的效率，一字形不锈钢中岛平台结合展示柜，打造出一个烹煮、展示、食饮、接待的多功使用厨房。一字形吧台餐柜也成为餐厅主墙，串联用餐区与下厨区，营造有如米其林餐厅般的用餐氛围。下厨，更像是一场实景表演。

这里，因为加入了岛状平台，预留多重使用这个空旷区域的可能性。餐柜右侧设置金属格栅，让玄关入口的动线有了二选一的选项。在宴客时，打开格栅屏风，玄关立即开出双动线，形成分隔迎宾、备餐的路径；关上隔屏后，则作为进入厨房的服务性动线使用。

岛状平台身兼"数职"，满足了使用餐厅、厨房的多重需求。客厅与餐厨区交织成一个令人愉悦的广阔区域。电视墙一路延伸至玄关，将机体设备、收藏展示、衣帽柜的收纳整合成连续墙面，分段分区使用，主墙的尺度和张力翻倍。呼应餐厨区的精致，沙发区则以大面积的清水模墙，向走道铺盖而去，包覆客浴开口。

拉长走道，也加大客浴空间

大胆地加长走道吧！动线过长不见得是坏事，反而让其他空间的使用更好！设计时，将主卧入口从走道的中段，往后移至尽头。如此一来，不但使主卧空间完整，也为加大客浴创造了契机，从半套设备升级成拥有淋浴间的配置。

主卧浴间也向主卧空间退缩，升级为拥有浴池、淋浴间的五星级酒店质感的卫浴空间。浴室墙面贴覆仿石材，不锈钢加木作的置物架，透着低调的奢华感。通透的玻璃隔间设计，让浴室得以分享来自寝区的光亮，自然华美的浴间也成为卧房的风景。

1 用餐区连接厨房，打造成米其林餐厅包厢般的私人餐厨区。**2** 厨房工作岛桌结合展示柜，两侧开口，形成主客不同动线。**3** 厨房走道也是进入室内的选择之一，精致的锅具展示是行进间的动人风景。

两房配置，打造梁下衣橱

主卧区块重整，提升了浴室的功能性、舒适度，床尾的梁下空间规划为衣橱，另以清水模墙隔出一条便道，形成开放式更衣区。窗前空地方便主人安排，也为将来新增家庭人口做准备。次卧兼客房、儿童房用途，书桌整合床头柜，呼应书柜的线性延展；梁下空间则转化为一面柜墙，在淡雅的山形木皮装点下，助人一夜好眠，调养身心。

1 主卧浴间玻璃通透，清水墙屏隔出小型更衣区走道。**2** 主卧浴间壁面贴覆仿石材砖，不锈钢加木作的置物架，展现空间的内敛华美。**3** 主卧浴间以玻璃墙隔间增大空间感。**4** 次卧书桌延伸成床头柜，与书柜连接，延展空间视觉。

厨房,是居家生活的重心,可是在原格局里却缩在通往后阳台的角落里。将厨房移进来后,以开放式空间呈现,一字形工作台面延续厨房操作动线,同时也满足收纳展示、餐厅主墙、玄关隔间等需求。家居生活跟着平台区绕转,进出动线缩短,增添移动过程中的乐趣。

格局调整清单

Ⓐ **厨房** —— 以一房换取开阔的ㄇ形厨房。

Ⓑ **一字形工作台** —— 同时也是展示柜、走道隔间与餐厅主墙。

Ⓒ **储藏室** —— 原厨房外移,将此作为居家收纳中心。

Ⓓ **主卧卫浴** —— 两间浴室向主卧加大,原半套客浴升级。

改造前

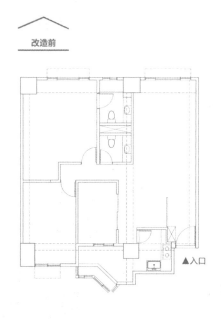

改造后

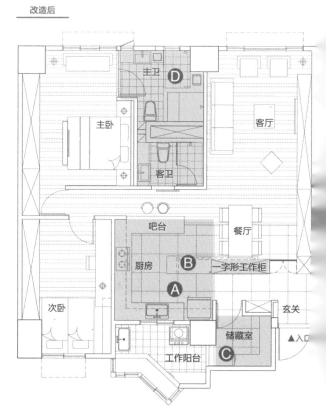

柜墙整合

电视墙、展示柜、鞋柜三合一

打开岛状平台旁的格栅门屏，可由玄关直接进入餐厅、客厅。玄关衣帽柜连接展示柜、电视影音柜等，成为一道温暖的墙景，引领视觉向客厅延展，厅区更为深长宁静。

∏形厨房整合走道吧台

原厨房空间小，而且位置偏僻，不符合屋主
对厨房的期望。舍一房，换取加大厨房的可
能。∏形厨房设计整合走道吧台功能，让多
人同时使用厨房时，不论是下厨大展身手，
还是备餐或饮食闲话，皆舒适无压。

岛状平台整合展示柜，变餐厅主墙

开放式厨房增设一张不锈钢平台桌，独立的岛
桌整合展示柜，让屋主珍藏的锅具等犹如一件
件艺术精品般融入生活区域。平台结合展示柜
设计可供玄关、客餐厅、厨房多区共赏，也让
餐厅有了独特的艺术主墙。

清水模矮墙屏，隔出更衣过道

主卧空间深，梁下区域规划柜墙后，橱柜与床尾之间还余留约 75 cm 宽。清水模矮墙的设置，既作为主卧电视墙，也隔出一条过道，结合柜墙设计，打造成开放式走道更衣间。

加长公共走道，完善主卧、客浴功能

将主卧入口从走道的中段，往后移至尽头，加长公共走道。如此一来，不仅让主卧空间拥有完整的配置，同时也可让卫浴从窄小空间，升级为拥有五星级质感的浴池、淋浴区。

10

厨房靠边，让家多一房

106 m² 的家、祖孙七口，收纳需求也能大满足！

空间整合手法

善用拉门
书客房＋拉门隔间＝儿童房。

柜墙整合
沙发背墙与收纳桌设计。

地下收纳
书客房架高地板，下方空间收纳使用。

架高设计
阳台木地板向客厅延伸成为平台椅座。

● 跟爸妈一起住！陪着小孩度过学龄前阶段，三代人在约 106 m² 的空间里交集。突破面积限制，以大改动、挪移，完成四室两厅两卫的设计，充分满足一家人的使用需求。

严格来说，屋主的家庭成员共 7 人，虽然其中 1 位家人在外地工作，但也须预留其假日回来暂住的空间。换句话说，这间 106 m² 的都市房子里，必须满足一家七口、三代同堂的使用需求。房子原本的格局为三房两厅两卫，以及约 6 m² 的储物间，居住人口多，又有书房需求，那么，房间数还有可能增加吗？

书房多功能化，贴近生活使用

第一步，是将后面的厨房整个前移至入口玄关旁。如此一来，餐厅、厨房的关系更加紧密。再将原厨房所空出的空间，规划成客房，成为家中第四间房，同时利用架高及拉门的设计，让客房与书房可弹性使用，另一位家人回来时便有了暂住的夜宿空间。

书客房之间的拉门，便是一道活动式墙屏。扣上拉门，大书房一分为二，两间独立儿童房皆拥有橱柜、书桌等功能，即使是留宿客人，也有两间客房的实用性。书房的地板架高40 cm，成为地下储物区，为全家人提供大容量的收纳空间，如收纳棉被、行李箱等。

6 m² 的小间，设置双卫的关键

考虑到老人家使用浴室的方便性，重新安排主、次卧的配置，拥有套房格局的主卧作为老人房，次卧则改为主卧。主卧空间以架高的通铺取代一般的双人床，在主床的两侧，额外添加单人床，方便父母亲陪着学龄前幼儿玩耍、讲故事、入睡，两大两小共眠也不会觉得拥挤。

1 厅区明亮宽广，双面柜墙实现随手做收纳的设想。2 沙发背墙整合收纳与展示，是进入厅区的第一道风景。3 前阳台的木平台搭配铁件座椅，提高景观阳台的实用性，为三代同堂的生活平添许多乐趣。

房屋状况	大楼、老房
家庭成员	夫妻、2 个小孩、老人
面　　积	106 m²
格　　局	玄关、客厅、餐厅、厨房、主卧、2 间卫浴、书客房、老人房
建　　材	石英砖、玻璃、红砖、木地板、系统家具、漆、镜面

1 餐厅位于室内动线中心，一旁缓坡过道是通往老人房的无障碍入口。餐厨之间的一面灰色短墙，实际上是面向厨房开启的橱柜。2 厨房隐藏于玄关的新砌砖墙后，凹凸不一及镂空的砖砌方式，粗犷灰墙加上镶嵌透光的彩色玻璃，为内外两区带来美丽景致。3 主卧空间采用通铺设计，方便父母亲陪伴学龄前幼儿入睡。4 基于安全考虑，老人房附属浴间以玻璃屋形式呈现。5 利用窗帘浴镜的遮挡角度，提高浴室的通透性与隐私性。

随着厨房从角落外移至玄关旁，客浴空间的归属成为讨论集点。最终的定案是：取消位于老人房、主卧之间的小储物间，将老人房浴室与客用浴室整合在一起，并重新分配、切割两间浴室。

变更老人房入口，成为一进卧房即进入浴室的直行动线，搭配浴室玻璃屋化，一来老人家使用浴室若有突发情况，家人能在最短时间内应变处理，另一方面，玻璃屋设计让浴室、睡眠区可以相互采光、视觉穿透，放大空间感。

展示、收纳功能，藏在柜墙细节里！

基于老人家的活动方便性、安全性考虑，老人房入口连接公共走道的动线，特意采用缓坡设计，营造一个无障碍环境，老人家进出卧房更轻松自如。

客厅沙发背墙与老人房隔间采用双面柜设计，柜墙深度左右不同，在前后两区形成凹凸对应的柜深。桌面平台融入柜墙层板的水平视觉，搭配错落放置的收纳木盒，展示、收纳等功能全由这道墙提供，让厅区充满活泼与轻松感。

客厅、餐厅畅通宽阔，阳台木地板向室内延伸，成为厅区里或坐或躺的平台椅座。木平台木料从地板、墙面，再到天花板，框式设计将窗外的绿景光线，与家人间的共居闲情，紧密包含与相连。

阳光明媚的日子里，老人不论是陪着孙儿在景观阳台嬉戏玩耍，还是在客厅里活动，都能就近照看幼孙的情况，享受含饴弄孙的乐趣。空间是有限的，透过创意的巧思安排，争取满足空间需求的最大值。

空间改造计划

虽然室内面积有限，但在"空间可弹性转换用途"的大原则下，融入屋主一家七口的空间需求，重新审视平面格局，将角落厨房外移，小储间改为客浴，并以空间美学的观点重新定义收纳桌，赋予空间新的面貌。家，回应着三代人的不同需求！

改造前

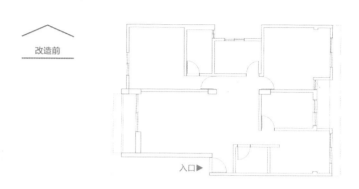

入口▶

改造后

老人房　卫生间　Ⓓ　主卧

卫生间

Ⓐ

餐厅　书房

客厅

Ⓑ　Ⓒ

玄关　厨房　客房

入口▶

格局调整清单

Ⓐ **客厅** —— 沙发后方的柜墙整合收纳桌功能。

Ⓑ **餐厨空间** —— 将厨房自角落前移，密切餐厅、厨房的关系。

Ⓒ **书客房** —— 原厨房改为书客房，透过中间的拉门日后也可分隔成 2 间独立的儿童房。

Ⓓ **卫浴** —— 玄关旁客浴移至原老人房与主卧之间的小储物间。

高功能柜墙

电视柜墙侧边面向玄关开启

玄关大门正对着厨房隔间墙，没有设置玄关柜的余地。因此，在做电视主墙设计时，一并带入玄关的收纳需求，让电视柜墙与玄关过道连接的转角柜面向玄关动线开启，方便鞋物等收纳，也有延展主墙尺度的妙用。

沙发背墙的展示、收纳功能

客厅沙发背墙特别做了两种不同深度的设计，浅柜部分利用水平层板、错落放置的收纳木盒，提供给客厅背后收纳与展示使用。近阳台区域以内凹 60 cm 的柜深，取代传统的收纳设置，让客厅充满活泼与轻松感。

空间位移，调整出最佳格局

原大门旁的客浴移出后，腾出来的空间改为厨房，改善原厨房与客餐厅的疏离关系。另外，取消位于老人房、主卧之间的小储物间，改为浴室使用，重新分配浴室功能。

架高、拉门设计

预留空间一切二的弹性

利用架高及拉门的设计，大幅提高书房的
使用弹性，既可提供另一位家人回来时暂
住的第四房，又可在日后幼儿进入就学阶
段，需要独立卧房时，变身为儿童房。

11

户外港湾入室，自家就有室内跑道

45° 动线，转出孩子任意跑跳的山林乐园

空间整合手法

偷空间
利用实木天花格栅，与铁件格栅界定玄关范围。

一物多用
开放式书房的长书桌也是客厅沙发靠背。

视觉效果
以 45° 的转角处理，加深视觉的广度、深度。

善用畸零
用 45° 动线设计余留的畸零区，规划窗榻平台。

● 因为山，因为天空，从客厅往阳台方向远眺，那一整片的茂林绿地，启发了设计师空间设计与配置的灵感。整个厅区顺着山林景致转了一个角度，开放通透的格局，搭配阳台双动线，为孩子营造快乐的山林乐园。

1
2

继第一间房子交房一年多之后，因为家中新添成员，原生活空间已不能满足使用需求，因而考虑搬家。新居依山面海，有着三房两厅的格局，尤其特别的是，从客厅的一角望去，丘陵地的山谷与海景风光一路斜织进入室内。"山海观"便成了此案的设计主轴。

45° 斜角，把港湾天空延揽入室

怎么顺着天光、地势走向，让空间的优势发挥至最大？于是，有了 45° 斜角设计的想法，即便是方正格局，也可以透过 45° 的动线引导，加深视觉的广度、深度。

三房配置被保留了下来，原封闭式厨房拆除隔间，以岛形吧台与长餐桌结合，在厨房备餐、煮饭时，与家人们对话互动再也不受一墙之隔的困扰，拥有开阔的居家视野，同时转过身，也能看到屋外的碧蓝天空。

连接 45° 动线的安排，在大门入口处，利用由内而外贯穿的实木天花格栅、从开放式厨房延伸的木餐桌作为边界，切出一块三角形区域，破除长形厅区的冗长感，也形成玄关空间。从入口的玄关石材地面，一直到家具的配置，包括书餐桌、电视柜、展示柜等，都尽可能地呼应 45° 斜角动线，铺陈方正格局与自然景观共存的最佳角度。

1 从开放式厨房延伸的木餐桌，结合铁工隔屏等，塑造出玄关空间。**2** 45° 斜角动线，就是为了将所有视线直指户外的风景。

房屋状况　大楼、老房
家庭成员　夫妻、1个小孩
面　　积　105 m²
格　　局　客厅、餐厅、书房、厨房、2间卧室、2间卫浴
建　　材　石材、夹板、角料、玻璃、铁件、实木
得奖纪录　2015 年中华创意设计奖 "家居空间大奖" 入围、
　　　　　2016 年意大利 A'Design Award 室内空间住宅案银奖

1 位于客厅、餐厅、走道三岔口的柱子周边区域，设计成开放式书房，长木桌既是书桌，也是沙发靠背。**2** 半户外阳台安排两个不同的出入口，实用性大幅提高。**3** 书柜立面采用 45° 斜角设计，呼应由外而内，包括天花板及墙体，皆是斜角的关系。**4** 原阳台与客厅的落地窗改为固定窗，成为设置电视墙的稳定立面，又不影响视线穿透。

3 4

顺着空间结构，为收纳设计增添助力

公共空间开阔明亮，以位于客厅、餐厅、走道三岔口的柱子为结构支撑，规划阅读区。长木桌既是书桌，也是客厅沙发的安定靠背，搭配铁件书柜 45°转折立面，在窗前汇集成一块畸零平台，成为男主人闲暇时抚琴的小窗榻。

考虑到主人的藏书、生活收纳需求，除了在各区域规划专属该区的收纳单元，餐厨厅区的梁下空间也设计成一道 60 cm 深的展示柜墙，同时也是公共区的小储藏室。柜墙以木皮、夹板交叉布置，呈现出一道凹凸起伏的温暖韵律，从厅区折向走道。

1

2　3

阳台出入两个门，孩子里里外外绕着跑

景观阳台约 20 m²，给了人很大的想象空间。在这间景观住宅，舍弃阳台增建的设想，从"玩"的角度来思考景观阳台对空间、对生活的意义。怎么做能让阳台变得更有趣呢？

原阳台与客厅的落地窗改为固定窗设计，另从客厅侧面重新开口，让景观阳台拥有两个出入口，形成循环动线。从生活的角度来看，照料植栽及工程维修等都可以经由玄关右转，直接进入阳台，无须穿越客厅。对孩子来说，绕着以客厅电视平台为中心的回转动线，活脱脱像一座迷你运动场，即使是多雨阴霾的季节，孩子无穷的精力也有地方恣意发挥。

空间用材上，选择自然环保、可回收的夹板、角料、实木、铁件、玻璃等，呼应屋外山林景观，转角度的视觉处理更将生活与自然环境紧密连接，呈现一个处处是大自然景致，也是生活风景的居家新貌。

1 开放式厨房以岛形吧台与餐桌结合，在厨房备餐、煮食时，也能拥有开阔无阻的视野。2 利用梁下空间设计展示柜，柜面凹凸起伏，从厅区折向走道。3 主卧床位居中设置，床头后方另隔出阅读小区。

空间改造
计划

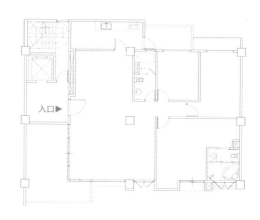

改造前

开放式∩形厨房结合餐桌，延展厅区的景
深。厅区采用45°转角设计，让绿景、
水池进入视野。整个空间借由视线延伸，
从室内经由户外阳台，再到整座山林，将
室外景致引入室内，使家居视野更为开阔、
优美。

改造后

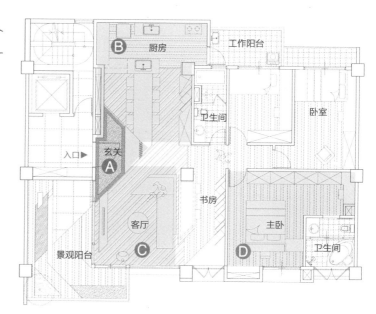

入口▶

厨房

工作阳台

卫生间

卧室

玄关

书房

客厅

主卧

景观阳台

卫生间

格局调整清单

Ⓐ **玄关** —— 利用格栅、餐桌作为边界，切出三角形的空间区块。

Ⓑ **厨房** —— 改为开放式设计，与餐厅整合。

Ⓒ **客厅** —— 通过45°动线引导，将室外景致引入室内。

Ⓓ **主卧** —— 借用床头后方的走道，设置书桌阅读区。

45° 转角设计

隔屏、格栅天花顶、餐桌构成玄关区

原格局并没有玄关设置，呼应公共空间的 45° 转角处理，利用隔屏、格栅天花顶，以及从厨房延伸出来的餐桌，切出三角形玄关。玄关的石材地坪、木地板的斜向贴法，回应厅区空间的斜角转向。玄关柜箱则作为穿鞋椅、置物收纳使用。

柜墙立面以 45° 斜角设计

呼应公共空间的 45° 转角设计，室内地景、天花板、家具，以及铁件书柜、餐厅展示柜等也都尽可能地以斜角转向处理，引导视线向户外阳台延伸，同时也将室外的自然风景延揽入室。

善用结构柱

将柱子延伸成书桌的支撑

客厅的结构柱子恰好落在客餐厅及走道的交会地带，设计时舍弃将柱体包覆的修饰做法，顺势延伸成书桌的支撑，让柱子在空间的存在合理化，也为男主人争取开放书房的设置。

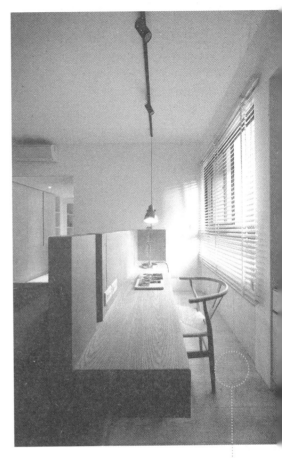

双出口、双动线

舍弃增建，阳台的实用性更高

改变进出阳台的方向，原落地窗位置则成了电视平台的稳定背靠。阳台两个开口，构成了一个以电视平台为中心的环状动线，也让工程维修、植栽翻新等人员可以直接从玄关切进阳台。

走道两用

床位居中放，走道隔出阅读区

主卧空间狭长，在多方考虑下，决定将床"居中"放置。另外，利用床头后方逾80 cm 宽的过道，隔出女主人的阅读休憩区，大幅提高空间利用率。

图书在版编目（CIP）数据

好设计，让你的家多10m2 / 尤哒唯著. -- 南京：
江苏凤凰文艺出版社，2019.3
ISBN 978-7-5594-3246-9

Ⅰ.①好… Ⅱ.①尤… Ⅲ.①室内装饰设计 Ⅳ.
①TU238.2

中国版本图书馆CIP数据核字(2019)第015960号

书　　　　名	好设计，让你的家多10 m²
著　　　者	尤哒唯
责 任 编 辑	孙金荣
特 约 编 辑	段梦瑶
项 目 策 划	凤凰空间/翟永梅
封 面 设 计	李维智
内 文 设 计	张仅宜
出 版 发 行	江苏凤凰文艺出版社
出 版 社 地 址	南京市中央路165号，邮编：210009
出 版 社 网 址	http://www.jswenyi.com
印　　　刷	北京博海升彩色印刷有限公司
开　　　本	710毫米×1000毫米　1／16
印　　　张	14.5
字　　　数	210千字
版　　　次	2019年3月第1版　2024年1月第2次印刷
标 准 书 号	ISBN 978-7-5594-3246-9
定　　　价	68.00元

（江苏凤凰文艺版图书凡印刷、装订错误可随时向承印厂调换）